孩子
从零开始
学做菜

付芳 编著

山西出版传媒集团 山西人民出版社

图书在版编目（CIP）数据

孩子从零开始学做菜 / 付芳编著 . -- 太原 : 山西
人民出版社，2023.5
ISBN 978-7-203-12662-1

Ⅰ . ①孩… Ⅱ . ①付… Ⅲ . ①菜谱 Ⅳ .
① TS972.12

中国国家版本馆 CIP 数据核字（2023）第 045796 号

孩子从零开始学做菜

编　　著：付　芳
责任编辑：蔡咏卉
复　　审：傅晓红
终　　审：梁晋华
装帧设计：末末美书

出 版 者：山西出版传媒集团·山西人民出版社
地　　址：太原市建设南路 21 号
邮　　编：030012
发行营销：0351—4922220　4955996　4956039　4922127（传真）
天猫官网：https://sxrmcbs.tmall.com　电话：0351—4922159
E—mail：sxskcb@163.com　发行部
　　　　　sxskcb@126.com　总编室
网　　址：www.sxskcb.com

经 销 者：山西出版传媒集团·山西人民出版社
承 印 厂：天津海德伟业印务有限公司

开　　本：710mm×1000mm　　1/16
印　　张：11
字　　数：120 千字
版　　次：2023 年 5 月　第 1 版
印　　次：2023 年 5 月　第 1 次印刷
书　　号：ISBN 978-7-203-12662-1
定　　价：59.80 元

如有印装质量问题请与本社联系调换

前言

　　提起教孩子做饭，许多家长都会不自觉地摆摆手，将厨房当成孩子的禁区。

　　"我家孩子太小，还不能学做饭。"

　　"厨房全是火呀、刀呀、煤气呀，孩子进来太危险了。"

　　"学做饭没用，还不如学做题。"

　　五花八门的理由让绝大多数孩子都不会做饭。毕竟，孩子要以学业为重，而并非需要从小就围着灶台转。

　　但其实，对于孩子来说，学习做饭是一件非常有意义的事情，不但可以陶冶情操、增强动手能力，还能让孩子更加热爱生活，成为一个全面发展的人。

　　所以，我们应该让孩子适当地学习一些生活技能，比如学会做饭、学会做家务、学会照顾自己。而作为家长，只要做好以下几点，就能轻松教会孩子做饭了。

　　首先，家长应陪同孩子一起做饭。

　　刀具、电源以及做饭时的高温的确是不确定的危险因素，但家长也必须认识到，随着孩子逐渐长大，总有一天要脱离家长独立生活。孩子独立生活以后，肯定还是要和这些东西打交道的。与其到时候独自面对，不如在家长的陪伴下从小就开始接触。

从孩子步入小学开始，家长其实就可以有意识地教孩子煮饭做菜了。一开始可以让孩子帮忙端菜、端饭、拿筷子，慢慢地可以让他看着家长做，再过一段时间，就可以让孩子尝试做一些简单的菜了。在孩子独立操作的过程中，家长还是需要在旁边看着，以免发生意外。

第二，每周做一到两次即可。

家长教孩子做饭，不是为了让孩子从小就独立做饭，还是要以培养技能为主。

也有很多家长认为，教孩子做饭会浪费孩子的时间，每天的功课以及课外兴趣班都要花费不少精力，如果再让孩子做饭，确实是会占用时间。但是如果这个频率控制在每周一到两次的话，则不会有任何影响了。孩子在繁重的学业中，抽出时间和家长做做饭，还能让紧张的心情放松一下，达到减压的目的。

第三，关键在于培养孩子的动手能力。

家长教孩子做饭，本意不是为了让孩子在这方面有所见识，更多是为了培养孩子的动手能力，让孩子更加热爱生活。

在这个过程中，家长要注意培养孩子的兴趣，而不是让孩子产生一种做饭很烦的感觉。在教孩子做饭的过程中，可以适当增加菜品，让孩子把做菜当成一堂有趣的手工课。

对于孩子来说，做饭的过程是最重要的，是提升他们动手能力的好方式，也是让孩子更加热爱生活的好途径。所以，作为家长，我们一定要在条件允许的情况下，尽可能地让孩子学会烹饪，体验做饭带来的乐趣和意义。

目录

Have A Try

小试牛刀

TEACH
CHILDREN TO
COOK

孩子从零开始学做菜之
虾仁滑蛋

烹饪时间
5 分钟

🐟 主料

| 鸡蛋 | 4 个 |
| 虾仁 | 200 克 |

🧄 辅料

油	1 大勺（约 10ml）
淀粉	1 大勺
盐	1 小勺（约 3ml）
白胡椒粉	1 小勺
鸡精	1/2 小勺
香葱碎	1/2 小勺

● STEP1

将虾仁洗净，鸡蛋打好备用；

● STEP2

在准备好的虾仁中放入淀粉和鸡精，腌制 2 分钟；

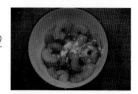

● STEP3

盛放鸡蛋的碗中加入盐、白胡椒粉和水淀粉，搅拌均匀；

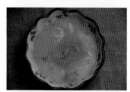

● STEP4

起锅烧油，油热后将腌制好的虾仁倒入锅中；

● STEP5

将虾仁炒至变色，放入准备好的鸡蛋液中；

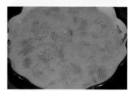

● STEP6

另起锅烧油，油热后倒入鸡蛋液，切忌立即翻动，等鸡蛋液凝固成型后再翻面；

● STEP7

翻面后，待成熟加入香葱碎即可盛出食用。

小提示 TIPS

　　一定不要着急翻动鸡蛋液，否则不容易成型。

孩子从零开始学做菜之
榨菜肉丝

烹饪时间
5 分钟

🥩 主料

榨菜	两包
猪里脊肉	300 克

🧄 辅料

油	1 大勺	葱	3 段
姜	3 片	盐	1/2 小勺
糖	2 小勺	蚝油	1 小勺
酱油	1 小勺	淀粉	1 大勺
鸡精	1/2 小勺	干辣椒	2 根
花椒	10 ~ 20 粒		

🛎 制作

● STEP1

将里脊肉洗净，榨菜盛在网状漏勺里用水反复冲洗，然后晾干水分；

● STEP2

把里脊肉切成丝，加入淀粉拌匀；

● STEP3

起锅烧油，油热后放入花椒与干辣椒，随后加入葱、姜炒香；

● STEP4

将肉丝下入锅中，加入酱油上色，翻炒1分钟后加入盐、糖、蚝油、鸡精；

● STEP5

将榨菜下入锅中，翻炒1分钟；

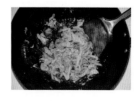

● STEP6

盛出即可。

小提示 TIPS

榨菜一定要用水冲洗干净，否则味道会过咸。

孩子从零开始学做菜之
蒜薹炒肉

主料

蒜薹	300 克	
猪里脊肉	200 克	

辅料

油	1 大勺	葱	3 段
姜	3 片	盐	1 小勺
淀粉	1 大勺	糖	2 小勺
蚝油	1 小勺	酱油	1 小勺
鸡精	1/2 小勺		

STEP1

将里脊肉和蒜薹洗净，备用；

STEP2

把里脊肉切成丝，加入淀粉抓拌均匀，蒜薹切成段；

STEP3

起锅烧油，油热后下入肉丝，翻炒半分钟后，盛出备用；

STEP4

起锅烧油，下葱、姜炒香，将蒜薹下入锅中，翻炒1分钟后倒入肉丝，依次放入盐、酱油、糖、蚝油、鸡精，翻炒均匀；

STEP5

盛出即可。

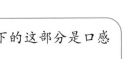

小提示 TIPS

　　1.蒜薹去掉头部与根部较老的部分，中间留下的这部分是口感最好的；

　　2.为防止肉丝粘锅，炒锅需热锅凉油，锅底要润滑，肉下锅后先不要翻动，等到接触油的部分变白、用铲子能轻易拨动时再翻炒。

孩子从零开始学做菜之
蒜蓉西蓝花

烹饪时间
5 分钟

🔪 主料

西蓝花　1 颗
蒜　　　5 瓣

🧄 辅料

油　　　1 大勺　　　盐　　　2 小勺
鸡精　　1/2 小勺

制作

● STEP1

西蓝花洗净，蒜剥好；

● STEP2

将西蓝花掰成小朵，起锅烧水，水沸腾后下西蓝花焯水 2 分钟，蒜切成蒜末备用；

● STEP3

起锅烧油，油热后倒入蒜末爆香；

● STEP4

放入西蓝花，大火煸炒 2 分钟，放入盐和鸡精，翻炒均匀；

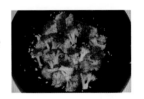

● STEP5

盛出即可。

小提示 TIPS

如果想要放蚝油出点颜色，可以少放一些盐。

9

孩子从零开始学做菜之
白灼奶白菜

烹饪时间
5 分钟

🍴 主料

奶白菜　　　　500 克

🧄 辅料

油	1 大勺	蒜	3 瓣
小米椒	1 根	小葱葱白	1 段
盐	1 小勺	鸡精	1/2 小勺
蒸鱼豉油	1 大勺		

🔔 制作

● STEP1

将奶白菜掰开洗净；

● STEP2

起锅烧水，水开后加盐和少许油，下入奶白菜，焯2分钟，捞出装盘备用；

● STEP3

小米椒切细丝，小葱葱白切小段，蒜切末，放入小碗中；

● STEP4

起锅烧油，油热后将热油倒入小碗；

● STEP5

小碗中加入蒸鱼豉油、盐和鸡精，搅拌均匀；

● STEP6

将调好的料汁浇在奶白菜上即可。

小提示 TIPS

奶白菜性味甘、微寒，具有清热解毒、利尿通便等作用。

孩子从零开始学做菜之
洋葱炒肉片

烹饪时间
6 分钟

🍖 主料

紫皮洋葱 半颗
猪里脊肉 200 克

🧄 辅料

油	1 大勺	盐	2 小勺
糖	2 小勺	蚝油	1 小勺
鸡精	1/2 小勺	酱油	1 小勺

制作

● STEP1

将里脊肉和洋葱洗净，备用；

● STEP2

里脊肉切薄片，洋葱切成条；

● STEP3

起锅烧油，油热后倒入肉片划散，放1小勺酱油，翻炒均匀；

● STEP4

下入洋葱，翻炒 2~3 分钟后，依次放入盐、糖、蚝油、鸡精，翻炒均匀；

● STEP5

盛出即可。

小提示 TIPS

　　许多人切洋葱都会辣眼睛，将洋葱从中间切开，在凉水中浸泡 10 分钟，则可以避免这个现象。

孩子从零开始学做菜之
芹菜香干

烹饪时间
8 分钟

🥢 主料

芹菜　　400 克
豆干　　200 克

🧄 辅料

油　　　1 大勺　　　葱　　　1 段
姜　　　1 小块　　　盐　　　1 小勺
酱油　　1 小勺　　　鸡精　　1/2 小勺

🔔 制作

● STEP1

芹菜洗净，豆干备好，葱和姜切成丝；

● STEP2

芹菜斜刀切段，豆干切成小条；

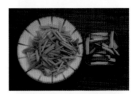

● STEP3

起锅烧水，水开后放入切好的芹菜，焯 2 分钟；

● STEP4

起锅烧油，油热后放入葱、姜，煸炒出香味；

● STEP5

下入芹菜，反复翻炒 30 秒；

● STEP6

放入豆干翻炒几下后，依次放入盐、酱油和鸡精，翻炒 1 分钟；

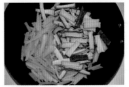

● STEP7

盛出即可。

小提示 TIPS

　焯水时，为了保持青菜的绿色可以适当加入一点油和盐。

孩子从零开始学做菜之
胡萝卜炒肉片

烹饪时间
8 分钟

🥬 主料

胡萝卜　2 根
猪五花肉 100 克

🧄 辅料

油	1 大勺	酱油	1 大勺
蒜	2 瓣	葱	3 段
盐	2 小勺	鸡精	1/2 小勺

STEP1

胡萝卜和五花肉洗净；

STEP2

把胡萝卜去皮切片，五花肉切成片，葱、蒜切成薄片；

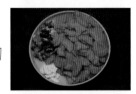

STEP3

起锅烧油，下入五花肉，炒至变色盛出；

STEP4

起锅烧油，下入葱和蒜片，煸炒出香味；

STEP5

下入胡萝卜片，炒至变软后把肉倒进去，依次加入盐和鸡精，出锅前加入酱油着色；

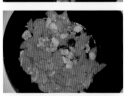

STEP6

盛出即可。

小提示 TIPS

　　胡萝卜炒肉片可以补充人体所需的维生素、氨基酸等，有助于增强体质。

孩子从零开始学做菜之
红烧茄子

🥄 主料

茄子　　2 个

🧄 辅料

油	1 大勺	蒜末	1 大勺
小米椒	2 根	糖	1 大勺
盐	2 小勺	酱油	2 大勺
蚝油	1 大勺	淀粉	1 小勺
鸡精	1/2 小勺		

STEP1

将茄子洗净，蒜切末，小米椒切段；

STEP2

茄子去皮，切成滚刀块，蒜末、小米椒、糖、盐、酱油、蚝油、鸡精放入碗中，加入少许水调和；

STEP3

起锅烧油，油热后下入茄子，炸软烂后，把茄子捞出；

STEP4

起锅，下入茄子，把调好的料汁下入锅中，翻炒均匀；

STEP5

放入水淀粉，快速搅拌，直至成黏稠状；

STEP6

盛出即可。

小提示 TIPS

炸茄子时油会用得多，茄子捞出后，剩下的油可以再次利用。

孩子从零开始学做菜之
木须肉

烹饪时间
10 分钟

🥢 主料

| 黄瓜 | 1 根 | 鸡蛋 | 2 个 |
| 猪里脊肉 | 200 克 | 木耳 | 5~7 朵 |

🧄 辅料

油	1 大勺	葱	3 段
姜	1 片	蒜	2 瓣
盐	1 小勺	蚝油	1 大勺
酱油	1 大勺	鸡精	1/2 小勺

⏲ 制作

● STEP1

将里脊肉、黄瓜洗净；

● STEP2

将里脊肉切片，黄瓜切成菱形片，木耳泡发后洗净，鸡蛋打散，蒜切成末；

● STEP3

起锅烧油，油热后下入鸡蛋液，迅速划散，盛出备用；

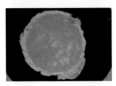

● STEP4

起锅烧油，放入蒜末、葱段和姜片，爆香；

● STEP5

下入肉片，翻炒至肉片变色；

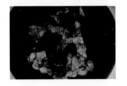

● STEP6

放入木耳，1分钟后下入黄瓜，加入盐、酱油、蚝油和鸡精，翻炒半分钟；

● STEP7

放入鸡蛋，翻炒均匀；

● STEP8

盛出即可。

小提示 TIPS

　　这个菜不用放很多调味料，以鲜嫩的黄瓜、富有营养的木耳、美味的鸡蛋和瘦肉，体现出嫩、鲜、滑即可。

孩子从零开始学做菜之
爆炒三丁

🥄 主料

黄瓜	1 根
土豆	1 个
猪里脊肉	250 克

🧄 辅料

油	1 大勺	盐	1 小勺
糖	1 小勺	蚝油	1 小勺
酱油	1 小勺	鸡精	1/2 小勺
淀粉	1 大勺		

🔔 制作

● STEP1

将里脊肉与黄瓜洗净，土豆削皮，准备好辅料；

● STEP2

将里脊肉切成 1 厘米见方的小丁，放入淀粉抓拌均匀，黄瓜与土豆也分别切成 1 厘米见方的小丁；

● STEP3

起锅烧油，油热后倒入肉丁煸炒至肉丁发白；

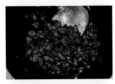

● STEP4

锅中放入半小勺酱油后继续煸炒；

● STEP5

放入土豆丁，翻炒 5 秒钟后加入半碗白开水；

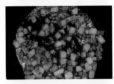

● STEP6

土豆软烂后放黄瓜丁，炒 1 分钟至黄瓜入味，加入盐、糖、蚝油、半小勺酱油、鸡精炒匀；

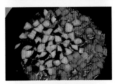

● STEP7

盛出即可。

小提示 TIPS

1. 想要成菜更加浓稠，可以在加入盐的同时点一点儿水淀粉；
2. 黄瓜尾部含有较多的苦味素，苦味素有抗癌的作用，所以不要把黄瓜尾部全部丢掉。

孩子从零开始学做菜之
干锅菜花

烹饪时间
10 分钟

主料

菜花   1 颗

辅料

盐	1 小勺	糖	1 大勺
酱油	1 大勺	蚝油	1 大勺
鸡精	1/2 小勺	小米椒	4 根

制作

● STEP1

将菜花与小米椒洗净；

● STEP2

起锅烧水，水开后将掰开的菜花下入锅中，焯 3 分钟取出，沥干，小米椒切成段；

● STEP3

起锅烧油，油热后放入小米椒爆香；

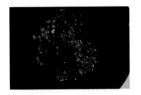

● STEP4

放入菜花，不停翻炒；

● STEP5

依次加入酱油、蚝油、盐和糖，翻炒 2 分钟，加入鸡精；

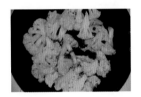

● STEP6

盛出即可。

小提示 TIPS

如果喜欢吃肉，可以在煸炒菜花之前加入一点五花肉。

孩子从零开始学做菜之
白菜卷

烹饪时间
10 分钟

主料

猪肉馅	500 克
白菜	1/2 颗

辅料

蚝油	1 大勺	虾皮	1 小把
料酒	1 大勺	盐	2 小勺
鸡精	1/2 小勺	小米椒	1 根
白胡椒粉	1/2 小勺		

🛎 制作

STEP1

将肉馅备好，白菜洗净；

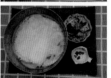

STEP2

起锅烧水，水开后下入白菜，焯2分钟，捞出后放入凉水中浸泡，将料酒、盐、鸡精、蚝油和白胡椒粉放入肉馅中，搅拌均匀；

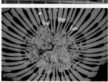

STEP3

准备一个盘子，底部铺上一层虾皮；

STEP4

将烫好的白菜平铺在案板上，中间放上调制好的肉馅；

STEP5

将其卷起，再切成4～5厘米的段；

STEP6

重复上述操作方法，并将卷好的白菜卷均匀摆放在铺好虾皮的盘子中；

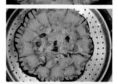

STEP7

白菜卷上撒少许虾皮和小米椒，放入蒸锅中；

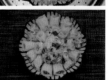

STEP8

待水开后，再继续蒸10分钟；

STEP9

出锅后撒上少许白胡椒粉，即可食用。

小提示 TIPS

白菜一定要沥干水分后再卷肉馅，否则会出很多水。

孩子从零开始学做菜之
肉末豆角丝

烹饪时间
10 分钟

🐟 主料

豆角　　　300 克
猪肉馅　　100 克

🧄 辅料

油	1 大勺	葱	3 段
姜	1 片	蚝油	1 大勺
酱油	1 大勺	盐	1 小勺
糖	1 大勺	鸡精	1/2 小勺

🍽 制作

● STEP1

将肉馅备好，豆角洗净；

● STEP2

豆角斜刀切成丝，葱、姜切丝，备用；

● STEP3

起锅烧油，油热后下入肉馅，大火翻炒 1 分钟；

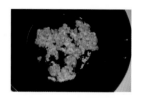

● STEP4

下入葱、姜，煸炒出香味，放入豆角丝，大火翻炒；

● STEP5

依次在锅中下入酱油、蚝油、盐和糖，翻炒 5 分钟后加入鸡精；

● STEP6

盛出即可。

小提示 TIPS

食用未熟透的豆角很容易发生食物中毒。因此，在烹饪的时候，一定要保证豆角完全熟透。

孩子从零开始学做菜之
醋熘白菜

🍳 主料

白菜	1/2 颗

🧄 辅料

油	1 大勺	盐	1 小勺
醋	4 小勺	水淀粉	1/4 小碗
蚝油	1 小勺	酱油	1 小勺
鸡精	1/2 小勺	葱	3 段
干辣椒	5 根	糖	1 小勺

🔔 制作

● STEP1

将白菜洗净备好;

● STEP2

刀成 45°斜角将白菜帮切成片，白菜叶直接切成 4 厘米左右的段;

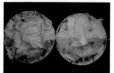

● STEP3

起锅烧油，油热后放入葱段及干辣椒，炒出香味;

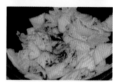

● STEP4

先放入白菜帮翻炒至软烂，并放入 4 小勺醋;

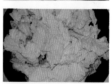

● STEP5

再放入白菜叶继续翻炒 1 分钟后，加入酱油、盐、糖、蚝油、鸡精炒匀，加入水淀粉勾芡;

● STEP6

盛出即可。

小提示 TIPS

1. 白菜不要炒太长时间，时间过长口感就不脆了;
2. 记得放一点糖，放糖可以提鲜。

孩子从零开始学做菜之
葱爆羊肉

烹饪时间
10 分钟

主料

羊肉片　500 克
大葱　　2 根

辅料

油	1 大勺	料酒	1 大勺
盐	2 小勺	酱油	2 大勺
鸡精	1/2 小勺	白胡椒粉	1/2 小勺

STEP1

将羊肉片备好，大葱洗净后留下葱白待用；

STEP2

将洗净的葱白切成均匀的葱丝；

STEP3

起锅烧油，油热后下入羊肉片，快速划散，加入料酒和白胡椒粉；

STEP4

待羊肉片变色后，加入葱丝翻炒；

STEP5

放入酱油、盐和鸡精，翻炒均匀；

STEP6

盛出即可。

小提示 TIPS

　　一定要热锅热油，快速爆炒，才能保证羊肉鲜嫩多汁，否则会出现肉老葱烂的现象。

孩子从零开始学做菜之
香菇油菜

烹饪时间
10 分钟

🦐 主料

| 油菜 | 4 棵 |
| 香菇 | 4 朵 |

🧄 辅料

油	1 大勺	糖	1/2 小勺
盐	1 小勺	水淀粉	1/4 小碗
蚝油	1 小勺	酱油	1/2 小勺
鸡精	1/2 小勺		

🍽 制作

STEP1

油菜洗净，香菇去蒂放在盐水中浸泡 5 分钟，
清洗干净控水；

STEP2

香菇切块，油菜掰开；

STEP3

起锅烧水，水沸腾后下香菇，焯水 2 分钟，捞
出备用；

STEP4

起锅烧油，油热后倒入油菜翻炒至变软，盛出；

STEP5

准备一个空碗，碗中放入水淀粉，加入蚝油、盐、
糖、酱油、鸡精，搅拌均匀；

STEP6

起锅烧油，油热后倒入香菇，大火煸炒 30 秒
后放入调好的料汁，翻炒至汤汁浓稠；

STEP7

盛出浇在油菜上即可。

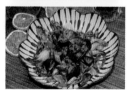

小提示 TIPS

喜欢酸味的话，可以在快出锅时淋一点醋。

孩子从零开始学做菜之
番茄炒鸡蛋

烹饪时间
10 分钟

主料

| 鸡蛋 | 2 个 |
| 番茄 | 2 个 |

辅料

油	1 大勺	葱	3 段
盐	1 小勺	糖	2 小勺
蚝油	1 小勺		

STEP1

番茄洗净备用，准备好鸡蛋及所需调料；

STEP2

番茄切成滚刀块，鸡蛋打散；

STEP3

起锅烧油，油热后调成小火，倒入蛋液，待蛋液还未完全成型时关火，盛出；

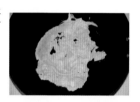

STEP4

起锅烧油，油热后调成小火，爆香葱段后倒入番茄块，用中火翻炒，炒出汤汁后，加入盐、糖和蚝油；

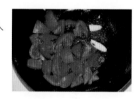

STEP5

再倒入鸡蛋，快速翻炒均匀；

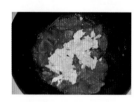

STEP6

盛出即可。

小提示 TIPS

番茄炒鸡蛋不要放鸡精，因为鸡精的味道会掩盖鸡蛋原有的鲜味。

孩子从零开始学做菜之
虾皮西葫芦

烹饪时间
10 分钟

🐟 主料

西葫芦　　1 个
虾皮　　　20 克

🧄 辅料

油　　　1 大勺　　　葱　　　　2 段
姜　　　2 片　　　　小米椒　　2 根
盐　　　2 小勺　　　水淀粉　　1/4 小碗
鸡精　　1/2 小勺

● STEP1

将西葫芦洗净，葱、姜切丝备用；

● STEP2

把西葫芦切片，小米椒切段，备用；

● STEP3

起锅烧油，油热后把葱、姜、小米椒和虾皮下入，炒香；

● STEP4

下入西葫芦，加小半碗水，加入盐和鸡精；

● STEP5

西葫芦断生后，加入水淀粉，翻炒均匀；

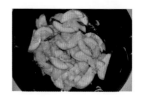

● STEP6

盛出即可。

小提示 TIPS

这道菜没有放生抽是为保持西葫芦翠绿的颜色，使其看着更有食欲。

孩子从零开始学做菜之
炝拌莴笋丝

🍴 主料

莴笋　　　1 根

🧄 辅料

小米椒	2 根	干辣椒	3 根
花椒粒	1/2 小勺	盐	1 小勺
醋	2 大勺	蚝油	1 大勺
鸡精	1/2 小勺		

● STEP1

将莴笋洗净；

● STEP2

将莴笋去皮后切细丝；

● STEP3

起锅烧水，水开后放入莴笋丝，焯水1分钟捞出，
放入凉水中浸泡一会儿；

● STEP4

将小米椒和干辣椒切段，放入小碗中，加入花
椒粒，淋入热油；

● STEP5

在莴笋丝中倒入蚝油、盐、醋和鸡精，再加入
第四步做好的料汁；

● STEP6

搅拌均匀即可。

小提示 TIPS

　　放入凉水中浸泡可以让莴笋丝更加清脆可口。

孩子从零开始学做菜之
青椒土豆片

烹饪时间
10 分钟

主料

| 土豆 | 1 个 |
| 青椒 | 1 根 |

辅料

油	1 大勺	葱	3 段
盐	1 小勺	糖	2 小勺
蚝油	1 小勺	酱油	1 小勺
鸡精	1/2 小勺		

🔔 制作

STEP1

青椒洗净备用，土豆洗净后去皮；

STEP2

将土豆切片、青椒切块、葱切小段，起锅烧水，水热后放入土豆片焯1分钟，捞出备用；

STEP3

起锅烧油，油热后放入葱段炒香；

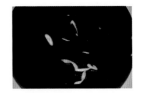

STEP4

将土豆片下入锅中翻炒2分钟；

STEP5

将青椒下入锅中，依次下入盐、糖、蚝油、酱油和鸡精，翻炒1分钟；

STEP6

盛出即可。

小提示 TIPS

土豆片一定要在油锅中炒软，最后的口感才会好。

孩子从零开始学做菜之
鲜虾炒黄瓜

烹饪时间
10 分钟

主料

虾	10 个左右
黄瓜	1 根

辅料

油	1 大勺	葱	3 段
姜	3 片	盐	2 小勺
糖	2 小勺	鸡精	1/2 小勺
蚝油	1 小勺		

● STEP1

将虾和黄瓜洗净，备用；

● STEP2

将虾去壳、开背、去虾线，黄瓜去皮、去瓤后切成 0.5 厘米左右的厚片；

● STEP3

起锅烧油，油热后下葱、姜炒香；

● STEP4

下入鲜虾，翻炒至变色；

● STEP5

下入黄瓜，翻炒 1 分钟，依次放入盐、糖、蚝油和鸡精，翻炒均匀；

● STEP6

盛出即可。

小提示 TIPS

1. 一定要去掉黄瓜瓤，瓜瓤炒制时会出水，影响口感；
2. 如果家中有虾仁，也可用虾仁代替鲜虾。

孩子从零开始学做菜之
红烧日本豆腐

烹饪时间
10 分钟

主料

| 日本豆腐 | 2 袋 | 青椒 | 1/2 根 |
| 黄甜椒 | 1/2 个 | | |

辅料

油	1 大勺	盐	2 小勺
糖	2 小勺	鸡精	1/2 小勺
淀粉	3 大勺	酱油	1 大勺
蚝油	1 大勺		

🍱 制作

● STEP1

将日本豆腐的袋子打开，把豆腐挤出来，青椒、黄甜椒洗好；

● STEP2

将日本豆腐切成厚 2 厘米左右的段，青椒、黄甜椒切成小块；

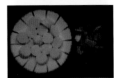

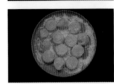

● STEP3

取 3 大勺淀粉放到盘中，轻轻把豆腐放到淀粉上，将豆腐表面均匀裹上淀粉，注意不要裹得太厚；

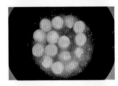

● STEP4

起锅烧油，油热后放入豆腐，单面煎至变色后煎另一面，直至两面都变成金黄色，捞出来放在盘里备用；

● STEP5

起锅烧油，下入青椒与黄甜椒，加入酱油及蚝油，翻炒半分钟；

● STEP6

下入豆腐，轻轻翻炒至颜色均匀，依次放入盐、糖和鸡精，翻炒均匀；

● STEP7

盛出即可。

小提示 TIPS

1. 豆腐上的淀粉不要裹得太厚；
2. 豆腐容易碎，翻炒的动作要轻。

孩子从零开始学做菜之
青椒肉丝

烹饪时间
10 分钟

主料

青椒	2 根
猪里脊肉	150 克

辅料

油	1 大勺	葱	3 段
姜	2 片	盐	2 小勺
糖	1 小勺	蚝油	1 小勺
酱油	2 大勺	淀粉	1 小勺
鸡精	1/2 小勺		

🍽 制作

STEP1

将里脊肉及青椒洗净；

STEP2

里脊肉切成丝，葱切成段，青椒和姜也切成丝；

STEP3

将肉丝放入碗中，加入少许盐、1大勺酱油和淀粉，抓拌均匀后腌制5分钟；

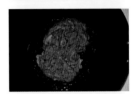

STEP4

起锅烧油，油热后下入腌好的里脊肉丝，翻炒30秒，盛出备用；

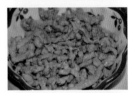

STEP5

起锅烧油，下入葱、姜，煸炒出香味；

STEP6

下入青椒丝和肉丝，翻炒后依次放入盐、糖、1大勺酱油和蚝油，继续翻炒至青椒变软，加入鸡精；

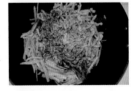

STEP7

盛出即可。

小提示 TIPS

不能吃辣的可以用圆青椒，喜欢吃辣的可以用辣一点的长青椒。

孩子从零开始学做菜之
酸辣土豆丝

烹饪时间
10 分钟

主料

土豆　　2 个

辅料

油	1 大勺	盐	2 小勺
陈醋	3 大勺	蒜	2 瓣
葱	3 段	姜	1 片
小米椒	3 根	鸡精	1/2 小勺

● STEP1

土豆去皮，小米椒洗净，葱、姜、蒜备好；

● STEP2

把土豆切成丝，葱、姜、蒜切成末，小米椒切成丝；

● STEP3

起锅烧水，水开后下入土豆丝焯 30 秒，捞出沥干；

● STEP4

起锅烧油，下入葱、姜、小米椒爆香；

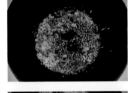

● STEP5

放入土豆丝，翻炒几下后依次下入盐、陈醋和鸡精，快出锅时放入蒜末；

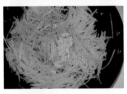

● STEP6

盛出即可。

小提示 TIPS

土豆丝如果切不好，可以用擦丝器操作。

孩子从零开始学做菜之
蛤蜊蒸蛋

烹饪时间
15 分钟

主料

蛤蜊	300 克
鸡蛋	3 个

辅料

盐	1 小勺	葱	1 段
姜	3 片	料酒	1 大勺
酱油	1 大勺	香油	1/2 小勺
香葱碎	1 小勺		

🔔 制作

STEP1

新鲜的蛤蜊洗净表面的泥沙；

STEP2

蛤蜊沸水下锅，加葱、姜、料酒，煮至开口捞出；

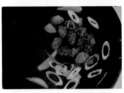

STEP3

鸡蛋打入大碗内，加 1 小勺盐，按 1:1.5 的比例加入清水搅拌均匀，用勺子撇去表面的浮沫，过筛，去除大的颗粒，倒入盘内；

STEP4

取蛤蜊有肉的半边壳在鸡蛋液中依次摆好；

STEP5

冷水上锅蒸，水开后开始计时，中火蒸 12 分钟，关火后焖 5 分钟；

STEP6

加入酱油、香油和香葱碎，盛出即可。

小提示 TIPS

　　新鲜的蛤蜊中会存有大量的泥沙，一定要让蛤蜊把泥沙吐净后再制作。

孩子从零开始学做菜之
可乐鸡翅

烹饪时间
15 分钟

主料

鸡翅中　　8 个
可乐　　　1 听

辅料

油　　　　1 大勺
盐　　　　2 小勺
姜　　　　3 ~ 4 片
鸡精　　　1/2 小勺
香菜碎　　1 小勺

STEP1

将鸡翅中洗净，姜和可乐备好；

STEP2

把鸡翅中两面用刀切口，姜切成片；

STEP3

起锅烧油，下入姜片；

STEP4

将鸡翅下入锅中，煎制；

STEP5

鸡翅煎至两面金黄；

STEP6

控出多余的油，拣出姜片，倒入可乐，加入盐及鸡精；

STEP7

中火加盖炖 8 分钟左右，直至收汁；

STEP8

将鸡翅盛入盘中，撒上香菜碎即可享用。

小提示 TIPS

　　1.可乐容易煳锅，要盯紧一点；
　　2.可乐可以根据自己口味添加，整听会有点甜，如果改为半听，要加少量的水。

孩子从零开始学做菜之
捞汁花甲

烹饪时间
15 分钟

🦐 主料

蛤蜊　　　1000 克

🧄 辅料

葱	1 段	姜	3 片
蒜	多半头	盐	1 小勺
醋	2 大勺	糖	2 大勺
料酒	2 大勺	酱油	2 大勺
蚝油	1 大勺	鸡精	1 大勺
柠檬	3 片	小米椒	5 根
辣椒面	2 大勺	白芝麻	1 小勺
香菜	1 棵	芥末	1/2 小勺

🔔 制作

● STEP1

新鲜的蛤蜊洗净表面的泥沙，葱、姜、蒜、香菜洗净备用；

● STEP2

起锅烧水，冷水放葱、姜、料酒，放入蛤蜊，煮至开口捞出；

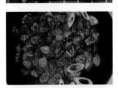

● STEP3

将蛤蜊去掉没有肉的半边壳，备用；

● STEP4

准备一个空碗，放入蒜末、白芝麻、辣椒面、盐、糖、鸡精，淋上滚油，备用；

● STEP5

将柠檬、香菜、小米椒放入蛤蜊中，倒入调好的料汁，再放入酱油、蚝油、芥末和醋，加水使之没过食材，搅拌均匀；

● STEP6

放入冰箱冷藏 2 小时，即可食用。

小提示 TIPS

如果觉得味道过于辛辣，可以适当减少辣椒和芥末的用量。

孩子从零开始学做菜之
咖喱鸡肉

烹饪时间
15 分钟

主料

| 鸡胸肉 | 300 克 | 胡萝卜 | 1 根 |
| 土豆 | 1 个 | 洋葱 | 1/2 颗 |

辅料

| 油 | 1 大勺 | 咖喱 | 1/2 盒 |
| 椰浆 | 20 毫升 | 香葱碎 | 1/2 小勺 |

STEP1

将鸡胸肉、胡萝卜、土豆和洋葱洗净；

STEP2

将鸡胸肉、胡萝卜、土豆和洋葱切成大小相同的块；

STEP3

起锅烧油，油热后放入土豆和胡萝卜，翻炒 3 分钟，盛出备用；

STEP4

锅中放入切好的鸡胸肉，翻炒 2 分钟后盛出备用；

STEP5

起锅烧油，下入洋葱，煸炒出香味；

STEP6

下入土豆、胡萝卜和鸡胸肉；

STEP7

加入没过食材的清水，下入咖喱块和椰浆，水开后再煮 2 分钟；

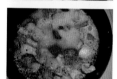

STEP8

撒上香葱碎后盛出即可。

小提示 TIPS

　　喜欢汤汁稀一点可以多放一些水，喜欢浓稠一点可以少放一些水或者多煮一会儿。

孩子从零开始学做菜之
鱼香肉丝

烹饪时间
20 分钟

主料

猪里脊肉	250 克	黑木耳	1 把
胡萝卜	1 根	圆青椒	1/2 个

辅料

油	1 大勺	蒜末	1 大勺
姜末	1 小勺	盐	2 小勺
糖	1 大勺	酱油	2 大勺
料酒	1 大勺	醋	1 大勺
蚝油	1 大勺	淀粉	1 小勺
蛋清	1 个	鸡精	1/2 小勺
豆瓣酱	1 大勺		

STEP1

将里脊肉、木耳、胡萝卜、圆青椒洗净；

STEP2

把以上食材切丝备用，取盐、糖、酱油、醋和蚝油各 1 大勺放到碗中拌匀，将 1 大勺酱油、2 小勺盐以及料酒、淀粉和蛋清放入肉丝中抓拌均匀，腌制 15 分钟；

STEP3

起锅烧油，油热后下入腌好的肉丝，炒 20 秒后，盛出备用；

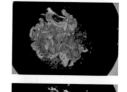

STEP4

起锅烧油，下入蒜末和姜末，煸炒出香味后加入豆瓣酱，再加入木耳丝、胡萝卜丝、圆青椒丝，翻炒均匀；

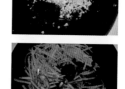

STEP5

下入肉丝，继续翻炒半分钟；

STEP6

放入调好的料汁，翻炒几下后加入鸡精；

STEP7

盛出即可。

小提示 TIPS

如果想要味道更香，出锅前可以加一点点醋。

孩子从零开始学做菜之
清蒸鲈鱼

烹饪时间
20 分钟

🐟 主料

鲜鲈鱼　　　1 条

🧄 辅料

葱	1/2 根	姜	5 片
盐	1 小勺	料酒	1 大勺
蒸鱼豉油	2 大勺		

STEP1

将鲈鱼洗去血水，两面切花刀，葱洗净；

STEP2

将葱和姜切成细丝，备用；

STEP3

将料酒和盐均匀抹在鱼身内外，腌制 5 分钟。

STEP4

鱼装盘，将葱丝、姜丝垫一层在鱼身之下，再放入鱼肚中一些，剩下的放在鱼身上，用姜丝、葱丝把鱼包裹住；

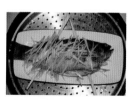

STEP5

起锅烧水，水开后把鱼放在屉上蒸 10 分钟；

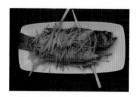

STEP6

出锅后，淋上蒸鱼豉油即可。

小提示 TIPS

　　要想让鱼熟得快并保持鲜嫩，可在上锅蒸之前在鱼身下垫一双筷子。

孩子从零开始学做菜之
拔丝红薯

烹饪时间
20 分钟

主料

红薯　　1 个

辅料

油　　　4 大勺
白糖　　3 大勺
冰糖　　1 把

△ 制作

● STEP1

红薯洗净后去皮；

● STEP2

将红薯切成滚刀块，备用；

● STEP3

起锅烧油，油温五成热时放入红薯煎炸；

● STEP4

炸到红薯表面形成硬皮、里面变软时（约8分钟），盛出控油备用；

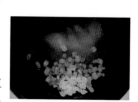

● STEP5

锅里的油倒出去，留一点底油，放入白糖和冰糖，小火慢慢把糖化开，搅匀，直至颜色呈琥珀色；

● STEP6

转中火，倒入之前炸好的红薯块，快速翻炒，让糖稀均匀裹在红薯表面；

● STEP7

盛出即可。

小提示 TIPS

用来盛拔丝红薯的盘子可以提前抹一层油防粘。

孩子从零开始学做菜之
京酱肉丝

烹饪时间
25 分钟

主料

猪里脊肉	300 克
豆腐皮	2 张

辅料

油	1 大勺	甜面酱	25 克
葱白	1 根	淀粉	1 大勺
料酒	1 大勺	糖	1 小勺
鸡蛋	1 个	酱油	1 小勺
醋	1 小勺	盐	1 小勺
鸡精	1/2 小勺		

● STEP1

将里脊肉和葱白洗净。

● STEP2

里脊肉和葱白切成丝，用淀粉、盐、蛋清及料酒将肉丝抓拌均匀，腌制 20 分钟；甜面酱、糖、醋、酱油和鸡精调制成料汁备用；豆腐皮切成约 10 平方厘米的正方形。

● STEP3

起锅烧油，油热后下入腌制好的猪里脊肉，翻炒半分钟，盛出备用。

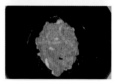

● STEP4

起锅烧油，下入葱丝，煸炒出香味。

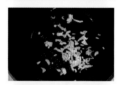

● STEP5

倒入调好的料汁，烧制沸腾。

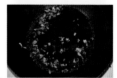

● STEP6

下入炒好的肉丝，翻炒均匀。

● STEP7

将炒好的肉丝放入摆好豆腐皮的盘中即可。

小提示 TIPS

如果肉丝切不好的话，可以请爸爸、妈妈帮忙。

孩子从零开始学做菜之
蒜香牛肉粒

 烹饪时间
25 分钟

🍖 主料

牛腩肉	400 克
蒜	15 瓣

🧄 辅料

油	1 大勺	葱	1 段
姜	3 片	蚝油	1 大勺
料酒	1 大勺	酱油	1 大勺
盐	1 小勺	糖	1 大勺
淀粉	1 大勺	黑胡椒粉	1 大勺

STEP1

将牛腩肉清洗干净，切成 1 厘米见方的小块；

STEP2

葱、姜切丝，与料酒、蚝油、酱油、淀粉、黑胡椒粉和肉一起抓拌均匀，腌制 20 分钟；

STEP3

起锅烧油，油热后下入蒜瓣，煎至两面金黄，盛出备用；

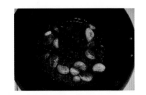

STEP4

起锅烧油，油热后倒入腌好的牛肉粒，翻炒 1 分钟；

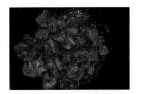

STEP5

锅中放入煎好的蒜瓣，加入盐和糖，继续翻炒至牛肉完全成熟；

STEP6

盛出即可。

小提示 TIPS

记得翻炒时要用大火快炒，这样才不容易煳锅。

孩子从零开始学做菜之
小酥肉

烹饪时间
30 分钟

🍖 主料

猪里脊肉　500 克

🧄 辅料

油	5 大勺	淀粉	4 大勺
面粉	2 大勺	花椒粒	2 小勺
鸡蛋	1 个	蚝油	1 大勺
盐	1 小勺	白胡椒粉	1 小勺
料酒	2 大勺	椒盐	2 小勺

🛎 制作

● STEP1

将里脊肉解冻、洗净；

● STEP2

将里脊肉切条，加入花椒粒、盐、白胡椒粉、蚝油和料酒，搅拌均匀后腌制 20 分钟；

● STEP3

准备一个碗，加入 1:2 的面粉和淀粉，打入一个鸡蛋，调成面糊；

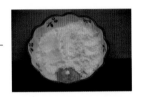

● STEP4

起锅烧油，倒入小半锅油，油温七成热（插进木质筷子会冒泡）的时候，一边裹面糊，一边一条一条地下肉，中火慢炸，炸至金黄色捞出；

● STEP5

将炸好的小酥肉放入锅中复炸一次，约 2 分钟捞出；

● STEP6

盛出，撒上椒盐即可。

小提示 TIPS

1. 制作小酥肉剩下的油可以留下再次利用；
2. 油炸小酥肉的时候筷子一定要擦干再下油锅，避免油点外溅。

孩子从零开始学做菜之
熘肝尖

烹饪时间
40 分钟

🔪 主料

| 猪肝 | 500 克 | 黄瓜 | 1 根 |
| 蒜苗 | 4 根 | 黑木耳 | 5 ~ 7 朵 |

🧄 辅料

油	1 大勺	葱	3 段
姜	2 片	料酒	1 大勺
蚝油	1 大勺	鸡精	1/2 小勺
白胡椒粉	1 小勺	酱油	1 大勺
盐	1 小勺	糖	1 小勺

STEP1

将猪肝、黄瓜和蒜苗洗净；

STEP2

将黄瓜切成菱形片，蒜苗切成 3 厘米左右的段，木耳泡发洗净；

STEP3

将猪肝切成片，倒入料酒、白胡椒粉和少许清水，腌制 30 分钟；

STEP4

起锅烧油，油热后放入猪肝，炒至变色，盛出备用；

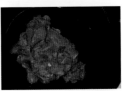

STEP5

起锅烧油，放入葱和姜爆香，依次加入蒜苗及木耳，翻炒 2 分钟；

STEP6

下入猪肝和黄瓜，依次在锅中放入酱油、蚝油、盐和糖，翻炒 2 分钟后加入鸡精；

STEP7

盛出即可。

小提示 TIPS

除了蒜苗，青椒、洋葱等都可以作为配菜。

孩子从零开始学做菜之
糖醋小排

🥩 主料

猪小排　　500 克

🧄 辅料

油	1 大勺	葱	2 段
姜	2 片	冰糖	1 小把
醋	2 大勺	料酒	1 大勺
蚝油	1 大勺	酱油	1 大勺
盐	1 小勺	糖	1 小勺
鸡精	1/2 小勺		

STEP1

将猪小排洗净；

STEP2

起锅烧水，凉水下锅放入猪小排、料酒、葱段和姜片，水开后 1 分钟将猪小排捞出沥干；

STEP3

起锅烧油，油热后中小火下入冰糖，不停翻炒，直至冰糖变为琥珀色；

STEP4

下入猪小排，翻炒 2 分钟至上色；

STEP5

锅中加入清水，没过猪小排；

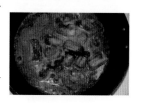

STEP6

加入酱油、蚝油、盐和糖，中小火盖盖儿熬煮30 分钟；

STEP7

开盖，转大火后加入醋和鸡精，收汁到汤汁黏稠；

STEP8

盛出即可。

小提示 TIPS

　　加入冰糖后要控制好火候，因为冰糖的溶解速度比砂糖慢，火太大会过早烧干水分，造成糖的焦化，影响成色和口感。

孩子从零开始学做菜之
番茄牛腩

烹饪时间
70 分钟

🥩 主料

牛腩	500 克
番茄	3 个

🧄 辅料

小葱	1 根	姜	5 片
蚝油	1 大勺	料酒	1 大勺
酱油	2 大勺	盐	3 小勺
糖	2 大勺		

🍽 制作

● STEP1

将牛腩洗净，切成小块备用；

● STEP2

冷水下锅，放入姜片、料酒和牛腩，水开后 2 分钟捞出，洗净血沫；

● STEP3

将番茄切成小块，备用；

● STEP4

起锅，直接下番茄，熬出汁水；

● STEP5

倒入牛腩，依次下入蚝油、酱油、盐和糖，翻炒均匀后加入 5 小碗（300 毫升）水，熬煮 1 小时左右；

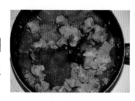

● STEP6

盛出，撒点葱花即可。

小提示 TIPS

　1. 番茄一定要熬成沙拉状，这样颜色会更好；
　2. 如果不喜欢番茄皮，也可以在切块前将番茄顶部划"十"字花刀，然后用开水烫番茄并剥下番茄皮。

从零开始

Healthy
Drink

健康饮品

孩子从零开始学做菜之
蜜瓜香蕉果昔

烹饪时间
5分钟

主料

蜜瓜　　100 克
香蕉　　1 根

辅料

柠檬汁　1 小勺

制作

STEP1 先将蜜瓜洗净去皮，和香蕉一起切成合适的
　　　大小；

STEP2 将所有材料放入破壁机中，榨成汁；

STEP3 加入柠檬汁，即可享用。

小提示 TIPS

　　蜜瓜和香蕉都含有丰富的钾，可帮助代谢体内的多余盐分，有
效改善水肿。

孩子从零开始学做菜之

甜菜根补血饮

烹饪时间
5 分钟

主料

甜菜根	20 克
香蕉	1/2 根
菠萝	100 克

辅料

柠檬汁　2 小勺

制作

STEP1 新鲜的甜菜根，先过水汆烫熟；

STEP2 香蕉和菠萝去皮，切成合适的大小；

STEP3 将所有材料放入破壁机中，榨成汁，加入柠
檬汁，即可享用。

小提示 TIPS

甜菜根的营养价值高，含有丰富的铁元素，易于人体吸收，此外还包含红细胞生成所需的叶酸，能改善贫血症状。

孩子从零开始学做菜之

西柚百香果汁

烹饪时间
5 分钟

主料

| 西柚 | 100 克 |
| 百香果 | 1 个 |

辅料

| 白桃乌龙 茶包 | 1 包 |
| 蜂蜜 | 1 小勺 |

制作

STEP1 先将白桃乌龙茶包提前一晚放入玻璃杯中，注入纯净水，密封后放入冰箱冷藏室；

STEP2 西柚洗净，去皮，切块；

STEP3 百香果对半切开，挖出果肉；

STEP4 将准备好的西柚、百香果肉与蜂蜜一起倒入杯中，注入白桃乌龙冷泡茶，搅匀即可饮用。

小提示 TIPS

如果用茶叶代替白桃乌龙茶包，那么茶叶和纯净水可以按 1:100 的比例冲泡，常温泡 3~4 小时，过滤茶叶后放入冰箱冷藏一夜。

孩子从零开始学做菜之
胡萝卜苹果橙汁

烹饪时间
5 分钟

主料

胡萝卜	1/2 根
苹果	1/2 个
橙子	1/2 个

辅料

鲜柠檬	1/2 个

制作

STEP1 胡萝卜清洗干净，去皮，切块；

STEP2 苹果洗净，去皮，去核，切块；

STEP3 橙子去皮，切块；

STEP4 柠檬挤出汁，倒入小碗中备用。将准备好的胡萝卜块、苹果块、橙子块和柠檬汁一同倒入破壁机中，加入没过食材的纯净水，榨成汁，倒出即可。

小提示 TIPS

也可以将胡萝卜去皮切块后下凉水锅，煮 5 ~ 10 分钟至熟透，再捞出与其他水果一起榨汁。

孩子从零开始学做菜之

卷心菜护胃果汁

烹饪时间
5 分钟

🍴 主料

卷心菜　100 克
苹果　　1/2 个
薄荷　　5 克

🍲 辅料

砂糖　　1 小勺

🍱 制作

STEP1 卷心菜洗净，苹果洗净去核，分别切成小块;

STEP2 将所有材料放入破壁机中，再倒入多半杯纯

净水，榨成汁，即可享用。

小提示 TIPS

卷心菜含维生素 U，可保护和修复胃肠黏膜，改善因过度饮食
而疲乏的肠胃；苹果含果胶，可强健胃部；薄荷的主要成分为薄荷
醇，有放松肠胃的功效。

孩子从零开始学做菜之

去火苦瓜饮

烹饪时间
5 分钟

主料

苦瓜	1/2 根
菠萝	100 克
柠檬	1/2 个

辅料

蜂蜜	1 大勺

制作

STEP1 苦瓜洗净，去籽去内瓤，菠萝去皮，柠檬去皮，

分别切成小块；

STEP2 将所有食材放入破壁机中，榨成汁，再依个

人喜好加入蜂蜜提味，即可享用。

小提示 TIPS

苦瓜具有保护胃肠黏膜、增强食欲、降低胆固醇等功效。

孩子从零开始学做菜之

西梅酸奶饮

🕐 烹饪时间
5 分钟

🥄 主料

西梅干　2 个
苹果　　1/3 个
酸奶　　1/4 杯

🧄 辅料

砂糖　　2 小勺

🍽 制作

STEP1 西梅干去核，洗净后沥干水分备用；

STEP2 苹果去核去皮后，切成小块；

STEP3 将处理好的西梅干和苹果块放入破壁机中，

再加入 1/4 杯酸奶，榨汁，最后加入 2 小勺

砂糖，即可享用。

小提示 TIPS

　　西梅含有维生素和矿物质，搭配苹果和酸奶一同食用，可加速铁元素的吸收。

孩子从零开始学做菜之
日式红豆饮

🐟 主料

红豆　　30 克
嫩豆腐　50 克

🍲 辅料

豆浆　　100 毫升

🍱 制作

STEP1 将红豆洗净，加入豆浆一起煮熟，要将红豆
　　　煮得软软的；

STEP2 将嫩豆腐切成块，加入红豆汤中；

STEP3 再煮 10 分钟，盛出即可。

小提示 TIPS

煮红豆的时间比较长，可以选用压力锅。

孩子从零开始学做菜之

雪梨马蹄饮

 主料   🍮 制作

雪梨	1 个
马蹄	10 个
薏米	25 克

STEP1 将薏米放入清水中浸泡一夜，放入锅中，大
　　　 火烧开后转小火炖煮 1 小时左右；

STEP2 雪梨和马蹄清洗干净去皮，雪梨去核切成小
　　　 块，放入榨汁机中榨成雪梨马蹄汁；

STEP3 将雪梨马蹄汁与薏米水混合，上火烧开，倒
　　　 出放凉即可食用。

小提示 TIPS

注意煮薏米的水不能太多，炖煮出一小碗即可。

Refreshing
Cold Dishes

清爽凉菜

孩子从零开始学做菜之
凉拌婆婆丁

🕐 烹饪时间
5分钟

🍳 **主料**

婆婆丁　150克
扁桃仁　6颗
洋葱　　小半颗

🧄 **辅料**

小米椒　3根
盐　　　1小勺
香油　　1小勺
醋　　　1小勺

🔺 **制作**

STEP1 将婆婆丁和洋葱洗干净后，切成小段备用；

STEP2 将小米椒切成小段备用；

STEP3 将盐、醋、香油和洋葱加入婆婆丁中，搅拌均匀；

STEP4 将扁桃仁和小米椒撒入婆婆丁中即可。

小提示 TIPS

婆婆丁即蒲公英，清热去火，消肿解毒。

孩子从零开始学做菜之
鸡丝海苔拌白菜

烹饪时间
5 分钟

🥢 主料

白菜	1/2 颗
海苔	1/2 张
鸡胸肉	100 克

🧄 辅料

香油	2 小勺
盐	1/2 小勺
黑胡椒粉	1 小勺

🍲 制作

STEP1 将鸡胸肉煮熟，撕成细丝备用；

STEP2 将白菜切成细丝，海苔撕碎备用；

STEP3 将鸡肉丝和白菜放在一起，加入香油、盐、撕碎的海苔和黑胡椒粉，搅拌均匀即可。

小提示 TIPS

白菜味道鲜美，生吃很可口，烫熟食用也可。

孩子·从零开始学做菜之

火腿皮蛋豆腐

烹饪时间
8 分钟

🥢 主料

皮蛋	100 克
火腿	50 克
内酯豆腐	350 克

🧄 辅料

香葱末	1 大勺
蒜末	1 小勺
姜末	1/2 小勺
生抽	1 小勺
陈醋	1 小勺
蚝油	1 小勺
糖	1/2 小勺
香油	1/2 小勺

🔺 制作

STEP1 将内酯豆腐轻轻放入盘子里，用刀划成片状；

STEP2 将皮蛋剥去外壳后切块，均匀码在豆腐上面；

STEP3 把蒜末和姜末与调料混合，淋在皮蛋上；

STEP4 火腿切丁，撒在皮蛋上，再撒上香葱末即可。

小提示 TIPS

如果不喜欢火腿，加入焯熟的香菇也是很惊艳的选择。

孩子从零开始学做菜之
酸辣瓜条

烹饪时间
10 分钟

主料

黄瓜　　　2 根

辅料

蒜　　　　5~7 瓣
盐　　　　1 小勺
醋　　　　2 大勺
糖　　　　1 大勺
酱油　　　1 大勺
蚝油　　　1 大勺
鸡精　　　1/2 小勺
柠檬　　　1/2 个
小米椒　　4 根

制作

STEP1 将黄瓜洗净，蒜剥好；

STEP2 黄瓜切条，蒜切片，小米椒切段；

STEP3 将柠檬挤入瓜条中，依次放入小米椒、蒜片、

　　　盐、醋、糖、酱油、蚝油和鸡精，搅拌均匀；

STEP4 放入冰箱冷藏 1 小时，即可食用。

小提示 TIPS

如果觉得味道过于辛辣，可以适当减少辣椒的用量。

孩子从零开始学做菜之

凉拌豆腐

烹饪时间
10 分钟

🥢 主料

豆腐　　1 块

🧄 辅料

盐	1 小勺
蒜	2~4 瓣
醋	1 大勺
香菜	1 棵
小葱	1 根
生抽	2 大勺
花椒粉	1 小勺

🔺 制作

STEP1 香菜、葱和蒜切成末，放入碗中；

STEP2 碗中加入生抽、花椒粉、醋和盐搅拌均匀；

STEP3 将豆腐切成方丁放入盘中；

STEP4 将调好的汁浇在豆腐上即可食用。

小提示 TIPS

拌豆腐的时候动作一定要轻，不要把豆腐搅散。

孩子从零开始学做菜之
凉拌木耳

主料

黑木耳　50 克

辅料

盐	1 小勺
醋	1 小勺
蒜	2 瓣
生抽	1 小勺
香菜	1 棵
小葱	1 根
小米椒	1 根

制作

STEP1　黑木耳提前泡发，开水焯烫半分钟捞出，泡入冰水中备用；

STEP2　小葱、香菜、小米椒和蒜切末，放入碗中，加入醋、盐和生抽，根据自己的口味调成料汁；

STEP3　黑木耳控干水分，倒入调好的料汁，搅拌均匀即可食用。

小提示 TIPS

木耳清肺降火，尤其是秋冬季可以多食用。

孩子从零开始学做菜之

剁椒金针菇

烹饪时间
10 分钟

主料

金针菇　1 把

辅料

生抽　　1 大勺
剁椒　　1 大勺
橄榄油　1 大勺

制作

STEP1 将金针菇去根洗净，沥干水分放入盘中；

STEP2 把金针菇放入蒸锅中，水开后大火蒸 5～7
　　　分钟；

STEP3 蒸好的金针菇倒入适量生抽，撒上剁椒；

STEP4 将橄榄油加热后迅速淋在金针菇上，即可
　　　食用。

小提示 TIPS

生抽中已经有盐分了，所以不需要再单独加盐。

孩子从零开始学做菜之

爽口炝拌干丝

🥢 主料

干豆腐　　150 克

🧄 辅料

橄榄油　　2 大勺
盐　　　　2 小勺
鸡精　　　1/2 小勺
香油　　　1 小勺
干辣椒　　3 根
葱白　　　1 小段

🍲 制作

STEP1 将干豆腐切成丝，放入开水锅中焯烫 1 分钟

左右，捞出后放入凉水中浸凉，过漏勺沥去

多余水分；

STEP2 葱白切丝，干辣椒切小段；

STEP3 炒锅中倒入橄榄油，油热后放入干辣椒，中

火翻炒至颜色变深；

STEP4 将干豆腐丝放入盆中，加入盐、鸡精、香油，

用手抓拌均匀，放入葱白；

STEP5 泼入滚烫的辣椒油，搅拌均匀后盛出即可。

小提示 TIPS

沥水时不要沥得太干，略有一些水分的干丝口感会更鲜嫩。

孩子从零开始学做菜之

凉拌豇豆

烹饪时间
10 分钟

🌶 主料

豇豆　　400 克

🧄 辅料

蒜	1 头
盐	1 大勺
醋	2 大勺
芝麻酱	2 大勺
糖	1 大勺
酱油	2 大勺
鸡精	1/2 小勺
香油	2 大勺

🍲 制作

STEP1 新鲜豇豆洗净，蒜剥好；

STEP2 将洗好的豇豆切成段，蒜压成泥，芝麻酱用香油澥开；

STEP3 起锅烧水，水开后放盐和油，下入豇豆段焯3 分钟；

STEP4 豇豆焯好后，盛出过凉水，倒入澥好的芝麻酱和蒜泥，加入醋、糖、酱油和鸡精，搅拌均匀；

STEP5 放入冰箱冷藏 2 小时，即可食用。

小提示 TIPS

如果没有压蒜器，也可以切成蒜末。

孩子从零开始学做菜之

白灼菜心

烹饪时间
10 分钟

🥄 主料

菜心　　　300 克

🧄 辅料

蒜末　　　1 小勺
盐　　　　1/2 小勺
蒸鱼豉油　1 小勺
食用油　　2 小勺

🍲 制作

STEP1 将菜心根部的老皮削掉，老叶择除，清洗
备用；

STEP2 锅中加入少半锅水，加一点盐和油，水开后
放入菜心；

STEP3 将菜心焯好捞出，迅速放入凉水或者冰水中
浸泡 1 分钟，捞出沥水，盛入盘中；

STEP4 浇上蒸鱼豉油，中间铺上蒜末；

STEP5 平底锅烧热，倒入剩余食用油，加热后关火，
马上浇在蒜末上，即可食用。

小提示 TIPS

菜心中维生素 C、钙和钾等元素含量丰富，可减缓维生素 C 摄
入不足造成的牙龈出血。

孩子从零开始学做菜之

柠檬汁凉拌鱿鱼

烹饪时间
15 分钟

主料

鱿鱼	2 只
莲藕	100 克
苦菊	50 克

辅料

柠檬汁	1 大勺
橄榄油	2 大勺
盐	1 小勺
小米椒	2 根
黑胡椒粉	1 小勺
熟玉米粒	1 小勺

制作

STEP1 将鱿鱼除去内脏和筋膜，鱼身切成 7 ～ 8 毫米宽的圆环，鱿鱼须切成小块，将莲藕洗净切成薄片备用；

STEP2 将柠檬汁、橄榄油、盐和黑胡椒粉装入碗中调匀；

STEP3 锅内加水烧开，放入莲藕略煮一下，捞出沥水，再放入鱿鱼，待煮熟后捞出沥水；

STEP4 将鱿鱼和莲藕趁热放入碗中，和准备好的料汁 一起搅拌；

STEP5 将搅拌好的鱿鱼和莲藕装入干净的密封容器中，等完全冷却后，放入熟玉米粒和苦菊，再点缀小米椒即可食用。

小提示 TIPS

鱿鱼可以换成虾或章鱼，彩椒、萝卜可以代替莲藕。

孩子从零开始学做菜之
缤纷千张卷

🕐 烹饪时间
15 分钟

🥢 主料

千张	3 张
黄瓜	1 根
火腿	100 克
胡萝卜	1 根

🧄 辅料

大葱	1/2 根
蒜	3 瓣
海鲜汁	2 大勺

🔔 制作

STEP1 将准备好的千张切成小片；

STEP2 将黄瓜、胡萝卜、火腿、大葱切成跟千张一样的长度，然后将大葱切成丝，蒜切成末，其余的切成小条，胡萝卜用开水焯一下；

STEP3 取一张千张皮，上面摆上准备好的材料，然后再将其卷起来；

STEP4 蘸取海鲜汁，即可食用。

小提示 TIPS

如果担心千张卷会散开，可以把接口处压在下面。

孩子从零开始学做菜之
花生芽拌水萝卜

烹饪时间
15 分钟

🥄 主料

水萝卜　1/2 个
花生芽　80 克

🧄 辅料

盐　　　2 小勺
糖　　　1 小勺
白醋　　2 小勺
香油　　1 小勺
小葱　　1 根
白芝麻　2 小勺

🔔 制作

STEP1 水萝卜清洗干净去皮，切成细丝；

STEP2 将水萝卜丝放入大盆中，放入盐，轻轻翻抖
　　　几下；

STEP3 把大盆一边垫高腌制 10 分钟，让腌出来的
　　　萝卜汁淌到另一边，随后倒掉；

STEP4 花生芽放入沸水中断生，捞出沥水，备用；

STEP5 盆中放入香油、糖、白醋、葱花和白芝麻，
　　　倒入花生芽和水萝卜丝，搅拌均匀，盛出
　　　即可。

小提示 TIPS

如果喜欢清脆的口感，花生芽也可以不断生。

孩子从零开始学做菜之
鸡蛋蒸茄子

烹饪时间
20 分钟

🥘 主料

长茄子	1 根
鸡蛋	3 个

🧄 辅料

蒜	2 瓣
姜	2 片
小米椒	1 根
生抽	2 小勺
橄榄油	1 大勺

🍽 制作

STEP1 将茄子洗净，切成食指长短的段，鸡蛋煮熟去皮，切成和茄子相同大小的块放入盘中；

STEP2 蒸锅中加入水，放入摆好茄子和鸡蛋的盘子，水开后蒸 10 分钟；

STEP3 生姜切末，蒜瓣切成蒜末，小米椒切碎；

STEP4 炒锅中倒入橄榄油，把姜末、蒜末和小米椒倒入锅中翻炒出香味；

STEP5 将茄子里蒸出来的水倒入锅中，加入生抽搅拌均匀后煮开；

STEP6 煮开后的调料汁直接倒入蒸好的茄子中，即可食用。

小提示 TIPS

如果不喜欢吃辣椒，也可以放一些香菜增味。

孩子从零开始学做菜之
海带丝拌茄子

烹饪时间
25 分钟

主料

长茄子 1 根
海带 100 克

辅料

盐 1/3 小勺
洋葱碎 1 小勺

制作

STEP1 长茄子放入热水中去生，捞出沥干；

STEP2 将长茄子切成 1 厘米见方的小丁，抹盐腌制
10 分钟；

STEP3 将海带放入水中泡发，切成丝，洗净后放入
腌制好的茄子里；

STEP4 拌匀放置 10 分钟，撒上洋葱碎即可食用。

小提示 TIPS

海带非常适合搭配茄子，如果味道淡，可加入少许盐。

孩子从零开始学做菜之

凉拌卷心菜丝

🗡 主料

卷心菜	1/2 颗
樱桃萝卜	2 个
香芹	1 棵
洋葱	50 克

🧄 辅料

蛋黄酱	2 大勺
白胡椒粉	1 小勺
盐	2 小勺

🔔 制作

STEP1 将卷心菜切丝，洋葱切成薄片，香芹切成 4

厘米的长度；

STEP2 将卷心菜、洋葱和香芹装入碗中，撒上盐稍

稍搅拌，并腌制 20 分钟，腌好后用手揉捏

至变软，沥去水分；

STEP3 加入蛋黄酱和白胡椒粉，装盘时用樱桃萝卜

装饰。

小提示 TIPS

卷心菜丝切得细些更容易入味。

孩子从零开始学做菜之
蓝莓山药

烹饪时间
30 分钟

🥄 主料

山药	300 克

🧄 辅料

蓝莓酱	1 大勺
牛奶	1 大勺
蜂蜜	1 小勺
盐	1/4 小勺

🔺 制作

STEP1 山药清洗干净，切小段，放入蒸锅中，隔水蒸 15 分钟左右，取出去皮；

STEP2 将去皮后的山药倒入破壁机中，加入盐和牛奶，打成糊状；

STEP3 山药泥倒入盘中，戴上一次性手套将其堆成锥形；

STEP4 将蓝莓酱加入少量温水和蜂蜜搅匀，慢慢浇在山药泥上，即可食用。

小提示 TIPS

　　山药属于药食同源的食材，脂肪含量较低，微量元素种类多且含量丰富，可以补脾健胃。

Delicious
Salad

美味沙拉

—

TEACH
CHILDREN TO
COOK

孩子从零开始学做菜之

苦瓜豆腐沙拉

⏱ 烹饪时间
8 分钟

🥢 主料

苦瓜	1 根
豆腐	1 块
胡萝卜	1 根

🧄 辅料

蒜	2 瓣
盐	1 小勺
橄榄油	1 大勺
香油	1 小勺
白胡椒粉	1 小勺

🔔 制作

STEP1 先将苦瓜切开，把里面的籽挖净，切成薄片后过水烫熟；

STEP2 胡萝卜洗净，切成丝，蒜切成末；

STEP3 锅中倒入橄榄油，小火加热，把准备好的苦瓜和胡萝卜放入锅中小火翻炒一下；

STEP4 放入豆腐搅碎后翻炒，再放入蒜末、盐和白椒粉搅拌均匀，最后加入香油即可食用。

小提示 TIPS

苦瓜清热去火，但一定要把籽挖干净后食用。

孩子从零开始学做菜之

三文鱼牛油果吐司沙拉

烹饪时间
10 分钟

主料

牛油果	1 个
三文鱼	100 克
吐司	1 片

辅料

柠檬	1/2 个
盐	1 小勺
蛋黄酱	1 小勺

制作

STEP1 牛油果去皮、去核，切成 1 厘米见方的块，三文鱼也切成和牛油果差不多大小的块；

STEP2 吐司用烤箱或平底锅烘烤一会儿，变脆后即可取出切成小块；

STEP3 吐司、牛油果和三文鱼一同放入沙拉碗中；

STEP4 挤入柠檬汁，加入盐和蛋黄酱即可。

小提示 TIPS

如果早上起来不想吃冷食，可以把三文鱼放入平底锅中两面煎熟，再切成丁和其他食材一同拌匀即可。

孩子从零开始学做菜之

法式芥末秋葵沙拉

烹饪时间
15 分钟

主料

秋葵	150 克

辅料

盐	1 小勺
冰水	500 毫升
芥末酱	2 大勺
橄榄油	2 大勺
柠檬	1 个
蜂蜜	1 大勺
熟黑芝麻	1 小勺

制作

STEP1 先清洗秋葵，用盐搓去表面细小的绒毛；

STEP2 锅中加水烧开，加盐和几滴橄榄油，接着放入秋葵，烫 2 分钟后立即捞出；

STEP3 捞出后的秋葵浸入冰水中降温，冷却后捞出，切去蒂部，装盘；

STEP4 将芥末酱、橄榄油、柠檬汁和蜂蜜放入小碗中搅拌均匀，倒入准备好的食材中，搅拌后，撒上熟黑芝麻，即可食用。

小提示 TIPS

汆烫秋葵时，水中加入橄榄油和盐能令秋葵保持色泽翠绿，捞出后用冰水过凉更能保持其爽脆的口感。

孩子从零开始学做菜之

彩虹鸡丝沙拉

🕐 烹饪时间
25 分钟

🥩 主料

新鲜鸡胸肉	100 克
白菜	1/8 颗
胡萝卜	1/2 根
紫甘蓝	1/4 个
圆青椒	1/2 个

🧄 辅料

芥末酱	2	大勺
橄榄油	1	大勺
柠檬	1	个
蜂蜜	1	大勺
料酒	1	大勺
盐	1	小勺
姜	3	片

🔺 制作

STEP1 将鸡胸肉洗净，放入加有料酒和姜片的沸水中烫熟；

STEP2 捞出鸡胸肉，过凉水，沥干水分，撕成细丝备用；

STEP3 白菜洗净，沥干水分，切成细丝备用；

STEP4 胡萝卜洗净，去皮，去掉头部，切成细丝备用；

STEP5 紫甘蓝洗净，切成和胡萝卜丝一样长度的细丝；

STEP6 圆青椒洗净，也切成大概等长的细丝；

STEP7 将切好的白菜丝、胡萝卜丝、圆青椒丝和紫甘蓝丝一起放入碗中；

STEP8 在碗中倒入鸡胸肉丝，撒少许盐；

STEP9 再将芥末酱、橄榄油、柠檬汁和蜂蜜放入小碗中，搅拌均匀后倒在准备好的食材上，搅拌一下，即可食用。

小提示 TIPS

新鲜鸡胸肉也可以换成鸡腿肉，口感会更加嫩滑。

孩子从零开始学做菜之

紫甘蓝玉米沙拉

烹饪时间 30 分钟

主料

紫甘蓝	200 克
红甜椒	30 克
黄甜椒	30 克
速冻玉米粒	30 克

辅料

橄榄油	1 大勺
白醋	1 小勺
糖	1 小勺
黑胡椒碎	1 小勺
盐	1 小勺

制作

STEP1 紫甘蓝洗净，放入淡盐水中浸泡 20 分钟，拿出沥干，切成细丝待用；

STEP2 锅中倒入适量水煮沸，将速冻玉米粒放入烫 1 分钟后捞出，沥干水分待用；

STEP3 红甜椒、黄甜椒清洗干净，切成细丝待用；

STEP4 取一个沙拉碗，将准备好的紫甘蓝、玉米粒、红甜椒和黄甜椒放入碗中；

STEP5 再准备个小碗，依次加入橄榄油、白醋、糖、黑胡椒碎和盐，充分搅拌均匀，倒入准备好的食材中，与食材充分搅拌后即可食用。

小提示 TIPS

紫甘蓝用淡盐水浸泡约 20 分钟，能去除其农药残留。

Nutritional
Main Course

营养主菜

孩子从零开始学做菜之

春笋炒牛肉

烹饪时间
20 分钟

主料

牛肉	200 克
春笋	2 根
圆青椒	1 个

辅料

蒜	2 瓣
料酒	2 小勺
油	2 大勺
盐	1 小勺

制作

STEP1 牛肉切成丝，用料酒腌制 10 分钟；

STEP2 春笋剥去外壳切成细段，圆青椒切丝，备用；

STEP3 烧水，水开后将切好的春笋放入焯 5 分钟；

STEP4 锅烧热，倒油，蒜末爆香后，再放入肉丝；

STEP5 炒至肉丝变色，倒入春笋翻炒至熟，倒入圆青椒丝，调入盐炒匀即可。

小提示 TIPS

春笋具有低脂肪、低糖、多纤维的特点，能促进肠道蠕动，防止便秘。

孩子从零开始学做菜之
青椒炒牛肉

烹饪时间
10 分钟

主料

牛肉条	150 克
圆青椒	1 个
红甜椒	1 个
黄甜椒	1 个

辅料

葱	2 段
蒜	4 瓣
橄榄油	1 大勺
盐	1 小勺

制作

STEP1 将圆青椒、红甜椒、黄甜椒洗净后去蒂去籽，切成细丝，葱对半切开后切成细丝，蒜切成末，备用；

STEP2 在平底锅中加入橄榄油，油热后放入蒜末，再用中火炒香后加入葱丝和牛肉；

STEP3 待肉炒熟后撒上盐，放入准备好的圆青椒、红甜椒、黄甜椒翻炒均匀即可。

小提示 TIPS

本道菜品不需要放酱油和糖，用盐就能烘托出食材本身的好味道。

孩子从零开始学做菜之

清炒白菜胡萝卜

烹饪时间
10 分钟

主料

白菜	1/2 颗
胡萝卜	1/2 根

辅料

橄榄油	1 小勺
蒜	2 瓣
小米椒	1 个
醋	3 大勺
盐	1 小勺

制作

STEP1 将白菜洗净切成小块，胡萝卜洗净切成片状，蒜切成末，小米椒切成丁；

STEP2 将锅中放入橄榄油，开中火加热，再放入准备好的蒜末和小米椒，炒出香味后依次加入切好的胡萝卜、白菜帮，最后放入白菜叶继续翻炒；

STEP3 炒熟后加入醋和盐略翻炒，装盘即可食用。

小提示 TIPS

胡萝卜十分吸油，如果不想摄入过多油脂，食用时可用吸油纸吸去胡萝卜表面的油。

孩子从零开始学做菜之

菌菇嫩煮鸡肉

烹饪时间
30 分钟

主料

鸡胸肉	300 克
金针菇	1 小把
杏鲍菇	1 个

辅料

盐	1 小勺
白胡椒粉	1 小勺
清酒	2 大勺
香葱碎	1/2 小勺

制作

STEP1 将鸡胸肉切成片，用盐和白胡椒粉腌制 10 分钟；

STEP2 将金针菇和杏鲍菇切成合适大小备用；

STEP3 将鸡胸肉放入平底锅中，然后将菇类铺在四周
并洒上酒，加盖开大火，煮沸后转小火再煮约
15 分钟；

STEP4 将煮好的鸡胸肉和菇类盛出，撒上香葱碎即可。

小提示 TIPS

菌菇的香味让鸡肉更加鲜美，鸡腿菇、香菇等都可以加入其中。

孩子从零开始学做菜之
芙蓉冬瓜

烹饪时间
15 分钟

主料

冬瓜	500 克
鸡蛋	3 个

辅料

枸杞	10 颗
水淀粉	1/4 小碗
葱姜汁	1 小勺
料酒	1 小勺
盐	1 小勺

制作

STEP1 冬瓜去皮切小块，入蒸锅蒸熟，制成泥备用；

STEP2 将蛋清打发至泡沫状；

STEP3 把打发的蛋清和冬瓜蓉放在一起，加盐、料酒、葱姜汁搅拌均匀；

STEP4 炒锅倒油，放入搅好的冬瓜蓉炒熟，倒水淀粉勾芡；

STEP5 撒枸杞装饰，装盘即可。

小提示 TIPS

如果没有打蛋器，打发蛋清的时候手速一定要快。

孩子从零开始学做菜之
咖喱龙利鱼

烹饪时间
20 分钟

主料

龙利鱼	200 克
香菇	100 克
芦笋	100 克

辅料

盐	1 小勺
咖喱粉	2 大勺
橄榄油	1 大勺
黑胡椒粉	1 小勺
葱花	1 勺

制作

STEP1 将香菇洗净切成小块备用，芦笋用削皮器刮掉硬皮，切成 2 厘米左右的段备用；

STEP2 将龙利鱼切成 2 厘米见方的块，撒上黑胡椒粉和咖喱粉，腌制 10 分钟；

STEP3 在平底锅中放入橄榄油，加热后放入腌制的龙利鱼，煎至两面焦黄，盛出备用；

STEP4 锅中放入香菇和芦笋，快速翻炒后加入一碗水和适量的盐。水开后放入龙利鱼，大火收汁后撒葱花即可。

小提示 TIPS

如果没有咖喱粉，用咖喱块也可以。

孩子从零开始学做菜之

培根炒菠菜

烹饪时间
15 分钟

主料

培根	6 ~ 8 片
菠菜	1 把

辅料

蒜	3 瓣
盐	1 小勺
白芝麻	1 小勺

制作

STEP1 将培根切成手指宽的条，菠菜去掉根部后洗
净，蒜切成末，备用；

STEP2 将炒锅洗净烧干，锅热后放入培根，先大火
翻炒，后改成小火，炒出培根里面的油；

STEP3 放入菠菜，加入盐，炒至菠菜成熟，然后撒
上白芝麻即可享用。

小提示 TIPS

培根本来就有咸味，所以调味的盐一定不要多放。

孩子从零开始学做菜之

蛋虾蒸煮西蓝花

烹饪时间
25 分钟

主料

西蓝花	200 克
鸡蛋	1 个
虾	6 只

辅料

盐	1 小勺
白胡椒粉	1 小勺
黑芝麻	1 小勺

制作

STEP1 将西蓝花切成小块，虾开背、去虾线备用；

STEP2 西蓝花围绕盘子边缘摆一圈，中间留空，虾在西蓝花内侧摆一圈，中间打入鸡蛋，均匀撒盐；

STEP3 放入蒸锅蒸 15 分钟；

STEP4 出锅后加入白胡椒粉和黑芝麻即可。

小提示 TIPS

打入的鸡蛋不要划散，保持原型即可。

孩子从零开始学做菜之
咸肉豆腐

烹饪时间
15 分钟

主料

豆腐	1/2 块
青菜	200 克
猪肉片	150 克

辅料

蒜	1 瓣
小米椒	1 根
橄榄油	1 小勺
水	400 毫升
清酒	3 大勺
盐	1 小勺

制作

STEP1 将豆腐用厨房纸包住吸去水分，切成小块备用；

STEP2 将青菜切成小段，蒜切成薄片，小米椒去籽备用；

STEP3 锅中加入水，放入清酒和盐煮开，放入肉片，撇去浮沫，放入处理好的青菜、蒜和小米椒，加盖煮 5 分钟；

STEP4 装盘后淋上橄榄油，搅拌均匀，即可食用。

小提示 TIPS

不必加白糖或酱油，可以用盐和辣椒呈现咸辣口感。

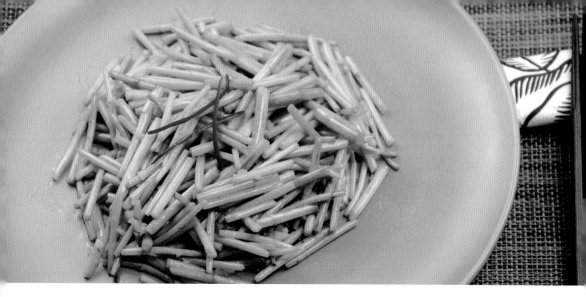

孩子从零开始学做菜之

蒜香芦蒿

烹饪时间
15 分钟

主料

芦蒿　　1 小把

辅料

蒜　　　3 瓣
盐　　　1/2 小勺
橄榄油　1 小勺

制作

STEP1 芦蒿洗净、切段，蒜切末；

STEP2 锅烧热，加入少许橄榄油，放入蒜末，炒香
　　　　后放入芦蒿段；

STEP3 翻炒几分钟，加入盐即可。

小提示 TIPS

芦蒿切段后，热水焯下再炒更易熟。

孩子从零开始学做菜之
菠菜太阳蛋

烹饪时间
15分钟

主料

菠菜	250 克
鸡蛋	1 个

辅料

橄榄油	1 大勺
盐	1 小勺
白胡椒粉	1 小勺
黑芝麻	1/2 小勺

制作

STEP1 将菠菜洗净烫熟，切成小段；

STEP2 将橄榄油倒入热锅中，放入菠菜段充分翻炒，待菠菜熟透后，撒入盐和白胡椒粉调味；

STEP3 将炒好的菠菜放入耐热容器中，在菠菜中央挖个洞，打入 1 个鸡蛋，再撒些盐；

STEP4 将耐热容器放入蒸锅，蒸 10 分钟后撒上黑芝麻即可。

小提示 TIPS

为了保证菠菜能够熟透，一定要氽烫 1 分钟以上。

孩子从零开始学做菜之

黄金上汤娃娃菜

烹饪时间
15 分钟

主料

娃娃菜	2 颗
金针菇	1 把
咸鸭蛋	1 个

辅料

虾皮	1 小勺
橄榄油	1 大勺
葱	2 段

制作

STEP1 先将娃娃菜洗净，去蒂后四等分切开，金针菇去根洗净，咸鸭蛋切丁，葱切成葱花；

STEP2 炒锅中放入橄榄油，下入葱花炒香，加入咸鸭蛋翻炒一下，再放入虾皮继续翻炒；

STEP3 将娃娃菜和金针菇放入锅中翻炒；

STEP4 加入水，大火烧开后转小火煮 5 分钟，盛出即可食用。

小提示 TIPS

这道菜不需要另加食盐，咸鸭蛋自带咸味。

孩子从零开始学做菜之
青红椒煎蛋

烹饪时间
15 分钟

🐟 主料

鸡蛋	2 个
圆青椒	1/2 个
红甜椒	1/2 个

🧄 辅料

洋葱	1/4 颗
大蒜	1 瓣
小米椒	1 根
橄榄油	1 大勺
食盐	1/2 小勺
白胡椒粉	1/2 小勺

🍳 制作

STEP1 将圆青椒、红甜椒去籽洗净，和洋葱一起切成条状，将大蒜切成末；

STEP2 在平底锅中放入橄榄油、蒜末，开中小火加热，有香味后加入圆青椒、红甜椒和洋葱翻炒，加入食盐和白胡椒粉调味；

STEP3 在中间留出一个坑，打入鸡蛋，加盖煎至半熟。撒入白胡椒粉、小米椒，即可食用。

小提示 TIPS

煎 2 ~ 3 分钟，鸡蛋即可美味又美观。

126

孩子从零开始学做菜之

西蓝花炒鱿鱼

烹饪时间
15 分钟

🦑 主料

鱿鱼	200 克
西蓝花	150 克
洋葱	50 克

🧄 辅料

橄榄油	1 大勺
清酒	1 大勺
酱油	1 小勺
盐	1 小勺

🍲 制作

STEP1 将鱿鱼去掉内脏和软骨，切成鱿鱼圈；

STEP2 将西蓝花切成小朵，洋葱切成片；

STEP3 在平底锅中倒入橄榄油加热，放入西蓝花炒

约 1 分钟；

STEP4 倒入清酒，西蓝花炒至鲜绿色后加入鱿鱼，

待鱿鱼 变白后加入盐、酱油和洋葱继续翻炒

1 分钟， 盛出即可。

小提示 TIPS

可以把鱿鱼换成鲜虾，步骤不变，也很好吃。

孩子从零开始学做菜之

什锦虾球

主料

虾仁	200 克
芹菜	1 根
胡萝卜	1 根

辅料

姜	1 块
蒜	1 瓣
鸡蛋	1 个
生粉	1 小勺
椰子油	30 毫升
盐	1 小勺
生抽	1 小勺
黑胡椒粉	1 小勺

制作

STEP1 虾仁开背、去虾线，芹菜洗净切段，胡萝卜洗净去皮切半圆片，姜切丝，蒜切末；

STEP2 虾仁中加入盐、生粉和蛋清，抓匀后腌制 10 分钟；

STEP3 锅中放入一半椰子油烧热，将腌制好的虾仁放入锅中，炒至虾仁变色，盛出待用；

STEP4 锅中再放入另一半椰子油，放入姜丝、蒜末爆香，放入芹菜段和胡萝卜片，翻炒至胡萝卜片变软，加入剩余的盐、生抽炒匀，最后放入炒好的虾球并翻炒均匀；

STEP5 装盘后撒上黑胡椒粉即可。

小提示 TIPS

虾仁用蛋清腌制一下，口感更加润滑。

孩子从零开始学做菜之

鳕鱼炖豆腐

烹饪时间
15 分钟

主料

鳕鱼	250 克
豆腐	200 克

辅料

葱	3 段
橄榄油	1 大勺
姜	1 小块
盐	1 小勺
白胡椒粉	1 小勺

制作

STEP1 将大葱和生姜切碎，豆腐切成块，鳕鱼切成
3～4 厘米长的块状；

STEP2 在平底锅中加入橄榄油，开中火加热然后放
入葱、姜碎末，待炒出香味后加入 100 毫升
热水，煮沸后放入鳕鱼，加盖转小火焖 7～8
分钟；

STEP3 待鱼熟后加入豆腐块，再加盖焖 1～2 分钟，
揭盖撒上盐和白胡椒粉，装盘即可。

小提示 TIPS

出锅前，如果加一点醋也会有意想不到的风味。

孩子从零开始学做菜之
薄盐煮银鳕鱼

烹饪时间
20 分钟

🥄 主料

银鳕鱼	2 块
秋葵	4 根
小番茄	4 个

🧄 辅料

盐	1 小勺
清酒	2 大勺
味淋	2 大勺
姜	4 片

🍳 制作

STEP1 把秋葵顶端的一圈硬皮削去，抹上盐在开水里烫一烫，捞出沥水，斜切成两半；

STEP2 将小番茄去蒂，用热水焯一下，然后放入冷水中去皮；

STEP3 在锅中加入 200 毫升水，待沸腾后加入盐、清酒、味淋和姜片，待煮开后加入银鳕鱼；

STEP4 再次沸腾后加盖转小火继续煮约 10 分钟，然后放入秋葵和番茄再煮 3 分钟，盛出即可。

小提示 TIPS

番茄有提味成分，可以代替高汤。

孩子从零开始学做菜之

香煎三文鱼

 烹饪时间
20 分钟

🔪 主料

三文鱼	160 克
芦笋	3 根
樱桃萝卜	4 个
豌豆	半小把

🧄 辅料

酸奶	15 毫升
菜籽油	2 大勺
黑胡椒碎	1 小勺
油醋汁	2 小勺

🍲 制作

STEP1 芦笋洗净，去根，放入平底锅煎熟后入盘，樱桃萝卜洗净切片入盘；

STEP2 豌豆用沸水煮 10 分钟左右捞出沥干，放入盘中；

STEP3 起锅，放入菜籽油，放入三文鱼煎至两面金黄色，撒入黑胡椒碎后盛盘，淋上酸奶，佐油醋汁即可。

小提示 TIPS

酸奶尽量稠一些，便于蘸取。

孩子从零开始学做菜之

红烧虾皮冬瓜

主料

冬瓜	500 克
虾皮	20 克

辅料

姜	2 片
香葱	1 段
生抽	1 大勺
老抽	1 小勺
盐	1/2 小勺
糖	1 小勺
橄榄油	1 大勺

制作

STEP1 冬瓜洗净，去皮、瓤，切成 3 厘米见方的块，待用；

STEP2 香葱、姜洗净，姜去皮切成丝，香葱切成葱末；

STEP3 炒锅大火加热，放入橄榄油，油热后加入姜丝煸炒；

STEP4 煸出香味后放入冬瓜翻炒，待其表面稍微焦黄时推至一侧，加入糖和生抽继续翻炒均匀；

STEP5 加入纯净水，略微没过冬瓜即可，加入虾皮、老抽和盐，水开后转小火；

STEP6 炖 10 ～ 15 分钟，大火收汁，出锅后撒香葱末即可食用。

小提示 TIPS

　　冬瓜热量低，维生素 C 和钾含量丰富，而钠含量很低，非常有助于去除浮肿、利尿排便。

孩子从零开始学做菜之
西芹山药百合

烹饪时间
20 分钟

🥄 主料

西芹	150 克
山药	100 克
鲜百合	50 克
胡萝卜	30 克

🧄 辅料

蒜末	1 小勺
料酒	2 小勺
淀粉	1 小勺
盐	1 小勺
糖	1/2 小勺
食用油	1 大勺

🍲 制作

STEP1 西芹洗净，去叶、筋，根茎部斜切成 3 厘米长的段；胡萝卜洗净，去皮，斜切成 3 毫米厚的菱形片；

STEP2 将山药清洗、去皮，切成与胡萝卜大小相同的菱形片；

STEP3 烧一锅水，加盐，水开后将西芹、胡萝卜和山药逐样焯水，沥干备用；

STEP4 取一个小碗，倒入糖、淀粉、料酒和盐，加入约 10 毫升清水，搅拌均匀成芡汁；

STEP5 炒锅加热，倒入油，油稍微变热即加入蒜末爆香，翻炒几下后倒入西芹、山药、胡萝卜和百合快速翻炒；

STEP6 当百合变透明时加入芡汁，大火翻炒均匀，即可出锅食用。

小提示 TIPS

许多人都对山药过敏，所以处理山药时可以戴上一次性手套。

孩子从零开始学做菜之
香煎柠檬鳕鱼

烹饪时间
30 分钟

主料

鳕鱼	250 克（1 块）

辅料

芦笋	100 克
洋葱	50 克
柠檬	1/2 个
木瓜	1/4 个
香菜	2 根
橄榄油	1 大勺
黄油	1 小勺
黑胡椒碎	1/2 小勺
盐	2 大勺
淀粉	1 小勺

制作

STEP1 将鳕鱼清洗干净，用厨房纸吸干表面，涂抹黑胡椒碎腌制 15 分钟，之后裹上淀粉待用；

STEP2 洋葱清洗干净切丝，香菜洗净切末，芦笋洗净刮去根部老皮，木瓜去皮切丁备用；

STEP3 锅中加适量清水，加 1 大勺盐，水开后放入芦笋，煮至断生后捞出，沥干备用；

STEP4 平底锅中火加热，加入黄油和橄榄油，黄油化开后加入洋葱煸炒，炒至洋葱变色后盛出；

STEP5 另起平底锅加热，倒入剩余橄榄油，先大火把鳕鱼每面各煎 30 秒，再小火每面各煎 30 秒，两面均匀撒上剩余的盐和柠檬汁，出锅；

STEP6 将准备好的食材摆入盘中，以木瓜丁装饰，撒上黑胡椒碎、香菜末即可食用。

小提示 TIPS

　　如果不喜欢太酸的味道，可以试试将柠檬换成橙子，味道一样惊艳。

孩子从零开始学做菜之

秋葵鸡蛋羹

烹饪时间
30 分钟

 主料

鸡蛋　　4 个
秋葵　　4 根

辅料

盐　　　1/2 小勺
生抽　　1 小勺
香油　　1/2 小勺

制作

STEP1 鸡蛋全部打入大碗中，用筷子打散，搅拌
均匀；

STEP2 鸡蛋液中缓慢注入约 200 毫升温水，加入盐，
搅拌均匀，用勺子撇去边缘泡沫，静置 15
分钟；

STEP3 秋葵洗净，去掉两头，切成 2～3 毫米厚的片，
待用；

STEP4 将秋葵片轻轻放入鸡蛋液中，使之浮在蛋液
表面，碗上密封一层保鲜膜；

STEP5 蒸锅内加适量水，水烧开后把大碗放入蒸屉
中蒸 7～8 分钟，关火，盖盖儿焖 2～3 分钟;

STEP6 戴隔热手套取出大碗，淋入生抽，滴入香油，
即可趁热食用。

小提示 TIPS

秋葵是一种高营养蔬菜，热量很低，其分泌的黏蛋白有保护胃
壁、促进胃液分泌、助消化的作用。

孩子从零开始学做菜之
生菜炙烤牛肉串

烹饪时间
30 分钟

主料

牛肉	300 克
生菜	200 克

辅料

葱	2 段
姜	2 片
花椒	1 小勺
八角	1 个
烤肉酱	4 小勺
生抽	1 小勺
孜然粉	1 小勺

制作

STEP1 将牛肉切成片，撒上葱姜片、花椒、八角，
倒入烤肉酱和生抽，裹上保鲜膜，放入冰箱
腌制 1 小时；

STEP2 将腌好的牛肉沥净水分，用厨房纸拭干，煎
锅中放入少许橄榄油，将牛肉两面煎至变色、
肉质收紧即可；

STEP3 在烤盘中铺上锡纸，将牛肉平铺在烤盘上，
刷上腌过肉的料汁，撒上孜然粉；

STEP4 烤箱调制 160 度，烤 15~20 分钟，中间翻一
次面，刷上料汁，撒孜然粉；

STEP5 将牛肉烤至变色，卷上洗净的生菜，用竹签
串上即可。

小提示 TIPS

翻面时，可以刷上一层蜂蜜，味道更加香甜。

孩子从零开始学做菜之
芹菜虾仁炒腰果

烹饪时间
30 分钟

 主料

鲜虾	20 个
西芹	1/2 根
熟腰果	约 10 颗

🧄 辅料

葱	2 段
姜	1 片
盐	1 小勺
料酒	1 小勺
白胡椒粉	1 小勺

🔔 制作

STEP1 鲜虾去壳、去虾线，放入盆中，加入料酒和白胡椒粉，搅拌均匀后腌制一会儿；

STEP2 西芹洗净，削去外皮的筋，斜切成菱形块；

STEP3 起锅烧油，三成热时下入鲜虾，迅速翻炒至变色，立即起锅；

STEP4 重新起锅，油三成热时放入西芹，快速翻炒至变色，加入盐、葱和姜；

STEP5 加入鲜虾迅速炒匀，临起锅前加入腰果翻炒一下，盛出即可食用。

小提示 TIPS

除了腰果，花生仁及杏仁也可如此炒制。

孩子从零开始学做菜之
海带炖排骨

烹饪时间
60 分钟

主料

排骨	300 克
干海带	2 片
香芹叶	50 克

辅料

盐	2 大勺

制作

STEP1 将海带用水泡发，切段备用；

STEP2 在排骨中放入盐，腌制 30 分钟；

STEP3 在锅中加入 400 毫升水，开中火加热，待水煮沸后加入海带和排骨，再次煮开后撇去浮沫，转小火加盖慢煮 30~40 分钟，直到肉和海带变软；

STEP4 加盐调味，连汤一起盛出来，最后用香芹叶装饰。

小提示 TIPS

这道菜品不加其他调料，只用食盐简单调味，全靠海带提鲜。

Healthy
Staple Food
健康主食

TEACH
CHILDREN TO
COOK

孩子从零开始学做菜之
火腿蛋片三明治

烹饪时间
10 分钟

主料

火腿	2 片
全麦吐司	2 片
鸡蛋	1 个
生菜	2 片
番茄	1 个

辅料

芝士	1 片
橄榄油	1 大勺
盐	1 小勺
花生酱	1 小勺

制作

STEP1 吐司去掉硬边，待用；

STEP2 生菜和番茄洗净，沥干，生菜切成与吐司片相同的大小，番茄切成薄片；

STEP3 平底锅加热，倒入橄榄油，打入 1 个鸡蛋，撒盐后中火煎至自己喜欢的熟度，盛出；

STEP4 取出 1 片吐司，抹上花生酱；

STEP5 上面依次放上生菜、火腿、番茄、煎蛋和芝士；

STEP6 再覆盖上 1 片吐司，从中间对称切开即可。

小提示 TIPS

全麦面粉是用没有去除麸皮和麦胚的麦子磨成的，用其制作的面包富含 B 族维生素和膳食纤维。B 族维生素可以提振食欲，膳食纤维可以预防便秘，有助于减肥。

孩子从零开始学做菜之

五谷饭团

烹饪时间
10 分钟

主料

糯米	150 克
小米	20 克
红豆	20 克
黑豆	20 克
黄豆	20 克
花生	20 克
芝麻	5 克

辅料

| 海苔 | 3 片 |
| 盐 | 1 小勺 |

制作

STEP1 将黑豆、红豆、黄豆隔夜泡发；

STEP2 在泡好的三种豆中加入糯米和小米，放入电
饭锅内煮成米饭；

STEP3 花生入油锅炒熟，放凉后放入保鲜袋内，用
擀面杖敲成花生碎并加入芝麻；

STEP4 将花生碎、芝麻和盐拌成馅料；

STEP5 取一小团米饭放在保鲜膜上，按扁后包入花
生芝麻馅，捏成三角形；

STEP6 底部包上一小块海苔即可。

小提示 TIPS

煮豆子前一定要泡发，否则会很硬。

孩子从零开始学做菜之

橙香法式吐司

主料

橙子	2 个
吐司	2 片

辅料

鸡蛋	1 个
牛奶	100 毫升
橘子酱	1 大勺
黄油	1 小勺

制作

STEP1 橙子竖着切成两半，其中一半榨出橙汁，另一半将果肉完整剥出备用；

STEP2 将橙汁和橘子酱放入小锅中加热，不断搅拌直到液体变得浓稠；

STEP3 将果肉倒入，煮到果肉变软即可关火，盛出备用；

STEP4 鸡蛋和牛奶放入大碗中搅拌均匀，将吐司放入其中，充分浸泡一会儿；

STEP5 平底锅中放入黄油加热化开，将浸泡好的吐司两面都煎至金黄；

STEP6 吐司盛出放入盘中，吃的时候涂抹上煮好的香橙汁即可。

小提示 TIPS

橙皮用盐搓洗干净，用工具去掉其表面橙黄色的部分，加入橙汁中一起加热，会使味道层次更加丰富。

孩子从零开始学做菜之
凉拌荞麦面

烹饪时间
15 分钟

 主料

荞麦面	100 克
菠菜	50 克
胡萝卜	1/2 个
煮鸡蛋	1 个

辅料

蒜	2 瓣
葱	1 根
香菜	2 棵
小米椒	1 根
醋	4 小勺
生抽	2 大勺
盐	1 小勺

制作

STEP1 先将菠菜洗净，胡萝卜洗净切丝，葱、蒜和香菜切成末，小米椒切成小块，备用；

STEP2 锅中加水煮沸，放入荞麦面煮熟，捞出备用；

STEP3 准备好的菠菜和胡萝卜丝也放入开水中烫一下，捞出备用；

STEP4 将蒜末、葱花、小米椒、醋、生抽、盐和香菜一起搅拌；

STEP5 将准备好的菠菜、胡萝卜和煮鸡蛋放入荞麦面中，淋上调好的酱汁，搅拌均匀即可食用。

小提示 TIPS

荞麦面比一般的面条吃起来更健康，可以经常食用。

孩子从零开始学做菜之

西葫芦煎蛋饼

主料

西葫芦	1 个
中筋粉	120 克
鸡蛋	2 个

辅料

黑芝麻	1 小勺
盐	1 小勺
油	2 小勺

制作

STEP1 西葫芦洗净擦成丝，盛入较大的碗中，放入盐，搅拌均匀后静置 10 分钟；

STEP2 待西葫芦丝析出水分变软后，先把水倒入另一个小碗中；

STEP3 在西葫芦丝中打入两个鸡蛋，分多次加入中筋粉（即普通面粉）和西葫芦水，搅拌成筷子能挑起的细腻面糊；

STEP4 平底锅小火加热，薄薄刷上一层食用油，舀适量面糊摊开，使其覆盖整个锅底；

STEP5 趁表面还未凝固时撒上少许黑芝麻，煎至表面凝固，翻面再煎 1 分钟至表面金黄，盛出即可。

小提示 TIPS

西葫芦一定要选淡绿色的、鲜嫩的，制作时不去皮，这样水分足，做面糊时不用额外加水。

孩子从零开始学做菜之

菌菇番茄意大利面

烹饪时间
20 分钟

主料

意大利面	150 克
香菇	2 朵
杏鲍菇	1 个
口蘑	4 个
番茄	1/2 个

辅料

欧芹	1 小勺
橄榄油	2 大勺
盐	2 小勺
黑胡椒碎	1/2 小勺

制作

STEP1 将香菇、口蘑、杏鲍菇洗净，分别切片；

STEP2 起锅烧油，下入洋葱和胡萝卜煸炒，变色出香味后下番茄翻炒；

STEP3 放盐，视酱料的稀稠状况加水，开锅后盛出备用；

STEP4 再次起锅，加橄榄油，油热后放入蒜末爆香，加入香菇、口蘑、杏鲍菇翻炒至变软出汁，转小火后加入酱料一起熬煮；

STEP5 烧约半锅清水，加入盐和几滴橄榄油，水开后加入意大利面，煮 8 分钟后捞出沥水；

STEP6 将刚煮好的意大利面倒入酱汁中，撒上黑胡椒碎，翻炒均匀，使每根面条都裹上酱汁，盛出撒上欧芹，即可食用。

小提示 TIPS

　　清洗菌菇时，可以在洗菜盆中加入少量淀粉，因为淀粉可以吸附菌类表面及褶皱里的尘土，有助于快速洗净。

孩子从零开始学做菜之
南瓜糙米饭

主料

南瓜	150 克
糙米	60 克

辅料

鸡蛋	1 个
油	1 大勺

制作

STEP1 糙米洗净，沥干水；

STEP2 南瓜洗净去皮，去掉瓜瓤，切成小块；

STEP3 平底锅小火加热，倒入糙米翻炒，直到表面
轻微发黄盛出；

STEP4 糙米和南瓜块放入电压力锅中蒸熟；

STEP5 平底锅放少量油，放入鸡蛋炒熟；

STEP6 将糙米饭、南瓜和鸡蛋混合在一起，即可
食用。

小提示 TIPS

提前炒一下糙米可以缩短制作时间，做出来的糙米饭也更
好吃。

孩子从零开始学做菜之

健康糙米蛋包饭

 主料

鸡蛋	8 个
熟糙米饭	200 克
圆青椒	1 个
红甜椒	1 个
香菇	3 朵
鸡胸肉	100 克
洋葱	50 克

辅料

黑胡椒碎	1 小勺
番茄酱	3 大勺
淀粉	1 小勺
生抽	1 大勺
盐	1 小勺
料酒	2 小勺
食用油	2 大勺

制作

STEP1 熟糙米饭盛入盆中，用铲子翻松后待用；

STEP2 鸡胸肉洗净切成丁，用盐和料酒腌制 10 分钟入味；

STEP3 圆青椒、红甜椒、香菇和洋葱洗净切丁；

STEP4 鸡蛋打入碗中，加入盐、淀粉和少许水，打成均匀的蛋液，备用；

STEP5 炒锅加热，倒入半勺食用油，倒入鸡胸肉滑炒，待肉质变紧变白捞出；

STEP6 另起一炒锅加热，倒入 1 大勺食用油，油热后倒入洋葱爆香，变透明后加入圆青椒、红甜椒和香菇翻炒；

STEP7 随后加入糙米饭、生抽、黑胡椒碎和剩余的盐，翻炒 2 分钟，再加入鸡胸肉丁，搅拌均匀后出锅；

STEP8 平底锅加热，放入半勺食用油，倒入蛋液，晃动平底锅，使蛋液覆盖整个锅底；

STEP9 待蛋液表面快要凝固时，在蛋皮的左半边倒上糙米饭，快速整理成饺子馅的形状，再把右半边蛋皮折过来与左边重合，边缘压紧定型。

小提示 TIPS

如果不想配番茄酱，可以加一点辣椒酱，味道一样好吃。

从零开始

Delicious
Soup

鲜美汤羹

孩子从零开始学做菜之

肉末韭菜汤

烹饪时间
10 分钟

 主料

韭菜	50 克
猪肉末	50 克

 辅料

橄榄油	1 小勺
食盐	1 小勺
白胡椒粉	1 小勺
红甜椒	半个

🍲 制作

STEP1 将韭菜洗净切成碎末，红甜椒切成细丝；

STEP2 在锅中加入橄榄油，开中火加热，放入肉末翻炒；

STEP3 待肉末炒散后加入韭菜和红甜椒丝稍微翻炒一下，然后加入 200 毫升热水；

STEP4 煮沸后撇去浮沫，撒上食盐和白胡椒粉，即可食用。

小提示 TIPS

韭菜一定要炒熟，否则会伤胃。

孩子从零开始学做菜之
清汤鸡肉萝卜

烹饪时间
10 分钟

🐟 主料

鸡胸肉	100 克
白萝卜	1 根
香芹	1 小把

🧄 辅料

高汤	400 毫升
生抽	1 小勺
盐	1 小勺
小米椒	半根

🔔 制作

STEP1 将萝卜切成 5 毫米厚的扇形，小米椒切成圈；

STEP2 将香芹择下叶片，茎切成 2 厘米长的段，将鸡胸肉切成小块；

STEP3 在锅中加入高汤开火加热，煮沸后放入鸡肉和萝卜，再次煮开后撇去浮沫，加入生抽和盐，用小火煮至萝卜变软，下入香芹；

STEP4 装盘，装饰上小米椒圈即可食用。

小提示 TIPS

清汤鸡肉萝卜，清爽鲜甜，且不油不腻，适合各年龄段的人食用。

孩子从零开始学做菜之
生菜蛋花汤

烹饪时间
10 分钟

主料

生菜	100 克
洋葱	1/4 颗
鸡蛋	1 个

辅料

橄榄油	1 小勺
食盐	1 小勺
白胡椒粉	1 小勺
奶酪粉	2 小勺
香菜碎	1 小勺

制作

STEP1 将生菜洗净，切成大段，洋葱切成丁。

STEP2 在锅中放入橄榄油，开火加热，炒生菜和洋葱，待变软后加入热水；

STEP3 煮沸后加入盐和白胡椒粉调味；

STEP4 鸡蛋中加入奶酪粉打匀，倒入锅中，煮熟后关火，撒上香菜碎即可食用。

小提示 TIPS

蛋液加奶酪粉可以帮助补钙，味道也更好。

孩子从零开始学做菜之
豆腐羹

烹饪时间
10 分钟

🐟 主料

豆腐	1 块
蟹棒	1 根
黑木耳	3~5 朵

🧄 辅料

葱	3 段
盐	2 小勺
水淀粉	1/2 小碗
鸡精	1/2 小勺

🍲 制作

STEP1 将豆腐备好，葱和木耳洗净，蟹棒解冻；

STEP2 把豆腐、木耳和蟹棒切成丝，葱切成葱花；

STEP3 起锅烧水，水开后下入盐和鸡精；

STEP4 把水淀粉淋入汤羹中，不停搅拌，至微黏稠
     即可；

STEP5 下入豆腐丝、木耳丝、蟹棒丝，用勺子顺时
     针在汤羹表面搅拌；

STEP6 撒上葱花，盛出即可。

小提示 TIPS

喝汤羹时可以加入适量白胡椒粉及香油。

孩子从零开始学做菜之
红豆山药甜汤

烹饪时间
40 分钟

主料

红豆	100 克
山药	200 克

辅料

冰糖	1 小把

制作

STEP1 将红豆淘洗干净，加水炖煮；

STEP2 山药去皮，洗净切成小段；

STEP3 红豆煮至八分熟时，加入山药和冰糖；

STEP4 煮至红豆开花、山药软烂即可食用。

小提示 TIPS

在甜汤中加入一些年糕，会更加美味。

孩子从零开始学做菜之
竹荪番茄蛋花汤

烹饪时间
30 分钟

🍴 主料

番茄	2 个
鸡蛋	2 个
竹荪	8 根

🧄 辅料

大葱葱白	1 段
香菜碎	1 大勺
生抽	1 大勺
盐	1 小勺
香油	1/2 小勺
油	1 大勺

🍲 制作

STEP1 竹荪用温盐水泡发 15 分钟左右，捞出用清水
冲洗干净，切成段备用；

STEP2 将番茄洗净，切成滚刀块，葱白切成末，备用；

STEP3 起锅烧油，放入葱末爆香；

STEP4 加入番茄，炒至出红汁，再加入生抽继续煸
炒 5 分钟；

STEP5 注入 5 碗清水，大火煮开后加入竹荪，煮 10
分钟；

STEP6 加入打散的鸡蛋，再煮 2 分钟，加盐和香油
调味；

STEP7 盛出撒上香菜碎即可。

小提示 TIPS

番茄的皮比较厚，如果只想吃果肉，可以在顶部划一个"十"
字，头朝下在开水中浸泡 1 分钟，就很好剥皮了。

孩子从零开始学做菜之

牛肉冻豆腐汤

🕐 烹饪时间
25 分钟

🐟 主料

嫩牛肉片	150 克
冻豆腐	1 块
荷兰豆	30 克

🧄 辅料

清酒	1 大勺
酱油	1 大勺
盐	1 小勺

🍲 制作

STEP1 将冻豆腐放入温水中浸泡 10 分钟，挤干水分后切条，将荷兰豆斜切成细丝，牛肉片备好；

STEP2 锅中加入适量的水，开中火加热，煮沸后放入牛肉片；

STEP3 撇去浮沫后加冻豆腐和清酒，煮 1～2 分钟；

STEP4 转小火，加入酱油、盐，煮 5～6 分钟后加入荷兰豆丝，再稍煮一下，盛出即可。

小提示 TIPS

如果想要冻豆腐更入味，可以再多煮 5 分钟。

孩子从零开始学做菜之

皮蛋丝瓜疙瘩汤

 主料

丝瓜	1 根
面粉	100 克
皮蛋	1 个

辅料

盐	2 小勺
蒜末	1 小勺
油	1 大勺

制作

STEP1 丝瓜去皮，切成适宜入口的滚刀块，皮蛋切成丁；

STEP2 面粉中少量多次加入清水，用筷子搅拌成疙瘩状备用；

STEP3 炒锅内加入油，油热后下入准备好的蒜末和皮蛋炒香；

STEP4 皮蛋炒至表皮出现白色气泡后，即可下入丝瓜一同翻炒；

STEP5 将丝瓜炒软后，加入足量清水没过全部食材，转大火煮沸；

STEP6 水沸后将面疙瘩下入锅中，用筷子拨散后加盐调味，汤汁变得浓稠后即可关火。

小提示 TIPS

制作面疙瘩时，尽量大小一致，如果疙瘩太大不仅不易煮熟，还会影响口感。

孩子从零开始学做菜之
豆腐裙带菜味噌汤

烹饪时间
20 分钟

🐟 主料

干裙带菜	30 克
内酯豆腐	200 克
鲜虾	120 克
金针菇	50 克

🧄 辅料

味噌酱	2 大勺
香葱末	1 大勺
生抽	1 大勺

🍽 制作

STEP1 干裙带菜清洗后，在碗中加入清水，泡发至柔软舒展；

STEP2 内酯豆腐切成 3 厘米见方的块，虾去壳剔除虾线清洗干净，金针菇洗净切除根部分成小份；

STEP3 锅中倒入水，大火烧开后，放入裙带菜和内酯豆腐，煮约 2 分钟；

STEP4 味噌酱放入碗中，用筷子快速搅拌，使酱化开至没有明显颗粒，倒入锅中后搅拌均匀；

STEP5 出锅前放入鲜虾和金针菇烫煮约 1 分钟，淋入生抽，搅拌均匀；

STEP6 食材依次盛入碗中，加汤，撒上香葱末，即可食用。

小提示 TIPS

　　裙带菜的营养价值是很丰富的，其中钙及锌元素有助于强健骨骼和牙齿，缓解失眠。除此之外，裙带菜还含有丰富的维生素、多种氨基酸和膳食纤维等，它们都是人体不可或缺的有益成分。

孩子从零开始学做菜之

浓香排骨汤

烹饪时间
60 分钟

主料

排骨　　250 克
玉米　　1 根
胡萝卜　1 根

辅料

盐　　　2 小勺

制作

STEP1 将排骨洗净，玉米洗净切段，胡萝卜洗净；

STEP2 将胡萝卜切成滚刀块；

STEP3 起锅烧水，凉水下入排骨；

STEP4 水开后撇去浮沫，下入玉米段和胡萝卜块；

STEP5 煮 1 小时左右，放入盐；

STEP5 盛出即可。

小提示 TIPS

　　一定记得要撇去浮沫，这样汤汁才会鲜美。

从零开始

我给父母做顿饭

今天是我们第一次当"厨师长"，终于也到了给父母露一手的时候了。下面一起来看看我们的菜单吧！

今日菜单

韩式清拌菠菜

水果虾仁布丁沙拉

浇汁蒸豆腐

口蘑爆鲜虾

香甜南瓜稠饭

蜂蜜百香果绿茶

裙带菜扇贝魔芋汤

韩式清拌菠菜

🥗 主料　　🧄 辅料

菠菜　　300 克

白芝麻　　1/2 大勺
橄榄油　　2 小勺
盐　　　　1 小勺
胡椒粉　　1/2 小勺

🍲 制作

STEP1 将菠菜洗净后，放入沸水中焯 5 分钟，然后捞起沥水；

STEP2 沥完水趁热装入碗中，加入橄榄油、盐、胡椒粉和白芝麻拌匀，即可食用。

水果虾仁布丁沙拉

🦐 主料　　　　🧄 辅料

虾仁　　　4 个　　　柠檬汁　　1 大勺
黄桃　　　1 个　　　黑胡椒粉　1/2 小勺
草莓　　　4 颗　　　盐　　　　1/2 小勺
无糖布丁　3 颗

🍽 制作

STEP1 黄桃去核，果肉切成适宜入口的方块；

STEP2 虾仁挑去虾线，沸水中烫熟后捞出沥干水分；

STEP3 将草莓洗净，无糖布丁切丁备用；

STEP4 将黄桃、虾仁、草莓、无糖布丁放入碗中，加入柠檬汁，撒入盐和黑胡椒粉即可。

浇汁蒸豆腐

🥄 主料　　🧄 辅料

韧豆腐	1 块	油	1 大勺	朝天椒	1 根
青豆	50 克	小葱	1 根	蒜	1 瓣
鲜香菇	2 朵	生抽	2 大勺	高汤	200 毫升
		水淀粉	1/4 小碗	盐	1 小勺

🍚 制作

STEP1 鲜香菇洗净切成小丁，朝天椒斜切成圈，小葱切葱花，蒜切片；

STEP2 韧豆腐切成 1 厘米见方的丁，放入大碗中，移入蒸锅，大火隔水蒸 10 分钟；

STEP3 大火烧热锅后倒入油，烧至六成热后放入蒜片和葱花爆香，接着放入朝天椒圈、香菇丁、青豆和生抽翻炒均匀，加高汤和盐煮 2 分钟，淋入水淀粉，待汤汁浓稠后关火；

STEP4 将调好的汤汁浇在蒸好的豆腐上即可。

口蘑爆鲜虾

主料

鲜虾	8 个
西葫芦	1/2 个
口蘑	4 个

辅料

橄榄油	3 大勺
盐	1 小勺
小米椒碎	1/2 小勺

制作

STEP1 将虾去掉头、壳、虾线，并将虾背划开；

STEP2 将口蘑洗净切片，并将西葫芦切成 1 厘米厚的扇形片；

STEP3 在平底锅中放入虾、口蘑和西葫芦，淋上橄榄油，开中火不断翻炒，待食材熟透后加盐调味，翻炒均匀后撒上不米椒碎即可食用。

香甜南瓜稠饭

主料

南瓜　　200 克
大米　　150 克

辅料

大葱　　　1　段
鸡精　　　1 小勺
盐　　　　1 小勺
橄榄油　　1 大勺
香葱碎　　1/2 小勺

制作

STEP1 南瓜洗净去瓤，去皮切块，大葱切成葱花，大米淘洗干净备用；

STEP2 炒锅放橄榄油，用葱花爆香，下入南瓜块翻炒；

STEP3 加入适量鸡精、盐翻炒后，加入适量水，没过食材；

STEP4 水开后下入大米，加盖，转小火焖；

STEP5 焖 20 分钟左右，米饭不再有硬心，撒上香葱碎即可。

蜂蜜百香果绿茶

🥄 主料   🧄 辅料

绿茶	5克	蜂蜜	1大勺
百香果	1颗	柠檬	1个
		鲜薄荷叶	2片

🍲 制作

STEP1 用热水先将绿茶沏开，静置3分钟后将茶叶滤出，茶水放凉后再放入冰箱冷却；

STEP2 将柠檬切片，百香果洗净，从中间切开取出果肉备用；

STEP3 将冷却后的茶水取出，放入百香果果肉和蜂蜜，搅拌均匀；

STEP4 鲜薄荷叶放入茶饮中，杯边点缀柠檬片即可。

裙带菜扇贝魔芋汤

🗡 主料

干裙带菜	30 克
扇贝	8 个
魔芋丝	80 克
菠菜	50 克

🧄 辅料

洋葱	半个
虾皮	1 大勺
盐	1 小勺
橄榄油	1/2 小勺
生抽	1 大勺

🍲 制作

STEP1 干裙带菜洗净、泡发，菠菜清洗去根，洋葱切成圈；

STEP2 起锅烧水，水开后下魔芋丝焯烫 1 分钟，捞出；

STEP3 水再次烧开后放入菠菜，焯至颜色变深后捞出放入凉水中；

STEP4 重新起锅烧水，水开后加入扇贝、裙带菜、洋葱圈、橄榄油和生抽，煮 5 分钟；

STEP5 加入菠菜、魔芋丝和虾皮，沸腾后关火；

STEP6 放入盐调味，盛出即可。